## UNA GUÍA PASO A PASO

## Manual de

# PINTURA DE CASAS Y EDIFICIOS

*Coordinación:
Luis Lesur*

EDITORIAL TRILLAS

Mexico. Argentina. España.
Colombia. Puerto Rico. Venezuela

**Catalogación en la fuente**

*Lesur, Luis
   Manual de pintura de casas y edificios : una
una guía paso a paso. -- México : Trillas, 1997
(reimp. 2001).
   131 p. : il. col. ; 27 cm. -- (Cómo hacer bien y
fácilmente)
   ISBN 968-24-0364-2*

*1. Pintura de casas. I. t. II. Ser.*

D- 698.12'L173m        LC- TX320'L4.5        2944

*La presentación y disposición en conjunto de
MANUAL DE PINTURA DE CASAS Y EDIFICIOS.
Una guía paso a paso
son propiedad del editor. Ninguna parte de esta obra
puede ser reproducida o trasmitida, mediante ningún sistema
o método electrónico o mecánico (incluyendo el fotocopiado,
la grabación o cualquier sistema de recuperación y almacenamiento
de información), sin consentimiento por escrito del editor*

*Derechos reservados
© 1997, Editorial Trillas, S. A. de C. V.,
División Administrativa, Av. Río Churubusco 385,
Col. Pedro María Anaya, C. P. 03340, México, D. F.
Tel. 56884233, FAX 56041364*

*División Comercial, Calz. de la Viga 1132, C. P. 09439
México, D. F. Tel. 56330995, FAX 56330870*

*Miembro de la Cámara Nacional de la
Industria Editorial. Reg. núm. 158*

*Primera edición, 1997 (ISBN 968-24-0364-2)*

Primera reimpresión, febrero 2001

*Impreso en México
Printed in Mexico*

En la elaboración de este manual participaron:

**Carlos Marín**, en fotografía, producción y diseño gráfico.

**Graciela Hernández Ávila**, en producción.

**Alberto Mojica**, como consultor.

# Contenido

| | |
|---|---|
| **Introducción** | 6 |

**Materiales** 14
Componentes de la pintura 16
Barnices, esmaltes, lacas, vinílicas
y recubrimientos 18
Barnices y esmaltes 20
Lacas 23
Vinílicas 24
Pinturas especiales 26
Pinturas a la cal 27
Recubrimientos 28
Materiales para diferentes superficies 29
Selladores y primarios 30

**Herramientas** 36
Brochas 38
Almohadillas 45
Rodillos 46
Rociadores 51
Pistolas de aire 52
Llanas 52
Tirolesa 52
Espátulas 53
Raspadores 53
Cepillos de acero 53
Cardas de acero 53
Cepillos de cerdas 53
Lijas y lijadoras 54
Cubiertas 55
Sopletes 55
Escaleras 55
Andamios 57

**Preparación de la superficie** 58
Superficies exteriores 60
Superficies interiores 66
Superficies de madera 70
Superficies de metal 75

**Aplicación de la pintura** 78
Preparación de la pintura 80
Pintura con brocha 84
Pintura con rodillo 95
Pintura con pistola de aire 99
Pintura con rociador sin aire 100

**Acabados especiales** 104
Aguadas 106
Salpicado 108
Moteado 109
Plantillas 111

**Selección de colores** 118
Naturaleza de los colores 120
Combinación de colores 124

**Elaboración de presupuestos** 128
Estimación de los materiales 130
Estimación de la mano de obra 131
Gastos de administración 131
Ganancia 131

# INTRODUCCIÓN

# MANUAL DE PINTURA DE CASAS

Se dice que cualquiera puede pintar su casa sin tener mayor conocimiento de cómo hacerlo. Eso es relativamente cierto, pero para pintarla bien, profesionalmente, se necesita saber un poco más. En este manual exponemos los principios básicos para la pintura de casas y edificios.

En el primer capítulo se señalan los principales ingredientes con los que se hacen las pinturas.

# INTRODUCCIÓN

Los distintos productos que se emplean en los acabados de las casas y edificios, sus características, ventajas y desventajas también se expresan en el primer capítulo, dedicado a los materiales.

Entre los materiales modernos con más ventajas se encuentran los esmaltes y barnices a base de agua, menos contaminantes que los tradicionales productos que se adelgazan con thíner.

El segundo capítulo del presente manual está dedicado a las diversas herramientas que se usan en el oficio de pintor de casas y edificios. Entre ellas destaca particularmente el empleo de la brocha.

# MANUAL DE PINTURA DE CASAS

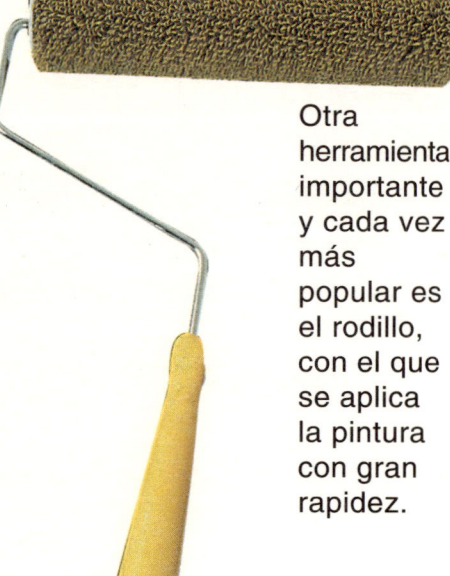

Otra herramienta importante y cada vez más popular es el rodillo, con el que se aplica la pintura con gran rapidez.

Una variante moderna del rodillo tradicional es el rodillo automático, por el que fluye de manera continua la pintura sin necesidad de estar cargándolo repetidamente.

Sin embargo, el sistema de aplicación de pintura más rápido es con un rociado sin aire. Este rociador toma la pintura directamente de la lata o cubeta.

La pintura se rocía por medio de una pistola de cuya boquilla sale un fuerte y a la vez fino rocío de pintura.

# INTRODUCCIÓN

El tercer capítulo está dedicado a la preparación de las superficies para pintarlas. Esta etapa es de extraordinaria importancia para la duración y buena apariencia de la pintura.

En dicho capítulo también se examinan los diversos materiales que se emplean en la preparación de las superficies para pintarlas correctamente.

# MANUAL DE PINTURA DE CASAS

El cuarto capítulo está dedicado a la aplicación de la pintura. Comienza por exponer la manera de prepararla.

Enseguida, se refiere a las técnicas de aplicación de la pintura, comenzando por el empleo de la brocha y su técnica correcta de manejo.

La brocha es la herramienta más empleada para la aplicación de la pintura, particularmente en las superficies ásperas donde se requiere gran penetración.

# INTRODUCCIÓN

La brocha también es la herramienta más usada en el acabado de puertas y ventanas.

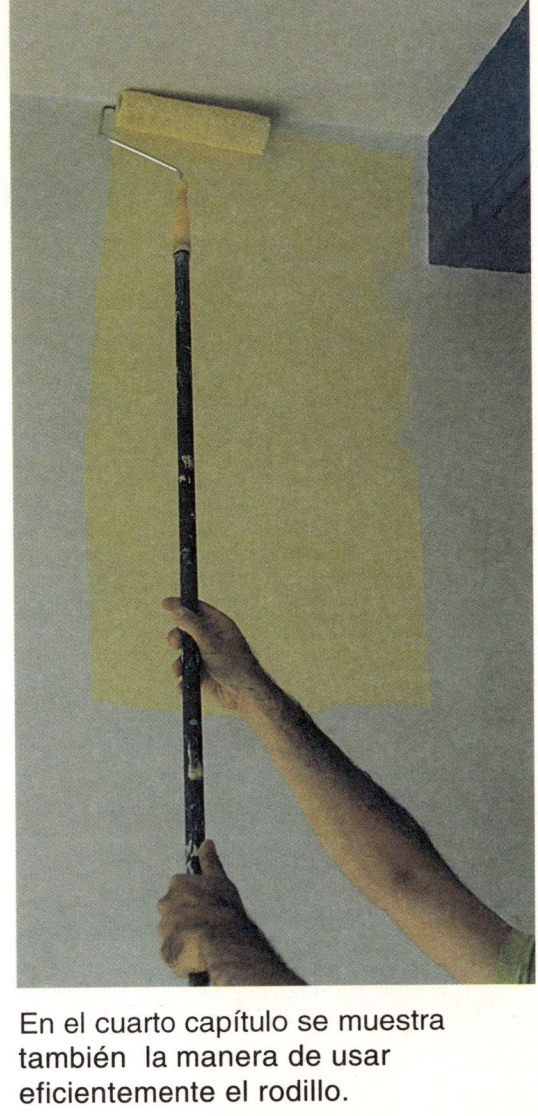

En el cuarto capítulo se muestra también la manera de usar eficientemente el rodillo.

En el quinto capítulo se habla de algunos criterios que conviene tener presentes al elegir el color con que se va a pintar una pared, un cuarto o una casa.

Finalmente, en el sexto capítulo se tratan las técnicas decorativas especiales que más se emplean en la pintura actual de casas.

La pintura es una capa o cubierta delgada que se aplica a las superficies de madera, metal o piedra, para protegerlas, decorarlas, mejorar su iluminación y aumentar su higiene.

La pintura se esparce sobre las superficies como una delgada película líquida que al poco tiempo se vuelve sólida, con un terminado mate o brillante.

# MATERIALES

Componentes de la pintura 16
Barnices, esmaltes, lacas, vinílicas y recubrimientos 18
Barnices y esmaltes 20
Lacas 23
Vinílicas 24
Pinturas especiales 26
Pinturas a la cal 27
Recubrimientos 28
Materiales para diferentes superficies 29
Selladores y primarios 30

# COMPONENTES DE LA PINTURA

## MANUAL DE PINTURA DE CASAS

Los principales componentes de la pintura son los pigmentos colorantes, el vehículo y el solvente.

El pigmento es un polvo sólido que contribuye al color, la dureza y el espesor de la película.

El vehículo es un aceite o una resina en la que va suspendido el pigmento y que se vuelve sólido para formar una película dura, haciendo que las partículas del pigmento se adhieran a la superficie que se pinta.

Las resinas del vehículo, también conocidas como medios o ligas, son el alma de la pintura, porque resultan determinantes en su calidad, dureza y duración. Para fines prácticos se dividen en dos clases: las que se disuelven con solventes químicos y las que se reducen con agua simple.

# MATERIALES

## COMPONENTES DE LA PINTURA

Los solventes son líquidos que adelgazan la pintura y determinan su consistencia al aplicarla ya sea con brocha, rodillo, rociador o pistola.

Algunas veces se agregan secadores a la pintura para apurar el endurecimiento de la película. El secado de la pintura puede ser de tres géneros o por una combinación de ellos. Uno es por la evaporación del solvente, otro por la oxidación al contacto con el aire y, finalmente, por una reacción química al mezclar dos componentes.

El conocimiento de los componentes básicos con que está hecha una pintura son útiles al pintor para escoger y aplicar la pintura más adecuada para cada necesidad.

17

**BARNICES, ESMALTES, LACAS, VINÍLICAS Y RECUBRIMIENTOS**

# MANUAL DE PINTURA DE CASAS

Los productos más usados en los acabados de las casas y edificios son los barnices, los esmaltes, las lacas, las pinturas y los recubrimientos.

El barniz es una capa transparente, generalmente sin pigmento, que protege la superficie, principalmente madera, sin ocultar sus características. Se usa en las puertas, ventanas y pisos.

Según la resina con la que esté hecho, el barniz puede ser completamente incoloro o ligeramente amarillo, aunque algunas veces se le agregan tintas para simular el colorido de las maderas preciosas, sin perder la transparencia.

# MATERIALES

El esmalte es una pintura de color, con acabado brillante, no transparente, hecha con pigmentos que ocultan completamente la superficie que cubren y que seca principalmente al combinarse con el oxígeno del aire.

**BARNICES, ESMALTES, LACAS, VINÍLICAS Y RECUBRIMIENTOS**

Las lacas sintéticas son resinas duras y pigmentos que se solidifican principalmente al evaporarse los solventes en que están disueltas. Pueden ser transparentes como el barniz u opacas como el esmalte.

Las pinturas, a diferencia de los esmaltes y las lacas, generalmente tienen un acabado mate y secan principalmente por la evaporación del solvente, que en las pinturas modernas suele ser agua.

19

## BARNICES Y ESMALTES

## MANUAL DE PINTURA DE CASAS

Originalmente el barniz y el esmalte se hacían con resinas de árbol, en especial de pino, disueltas en un aceite o un solvente, como aguarrás, por lo que se conocieron como pinturas de aceite.

Actualmente los barnices y los esmaltes se hacen de resinas sintéticas. Las más usadas son las resinas alquidálicas, obtenidas al refinar aceites de linaza, soya y ricino, que producen excelentes capas protectoras para muy diversas condiciones.

Como todos los acabados brillantes, se usan generalmente en puertas y ventanas, en las paredes de baños y cocinas y donde quiera que la humedad estimule el crecimiento de moho.

Las resinas fenólicas también son muy usadas para barnices y esmaltes finos, porque secan muy rápido, en una capa dura, resistente a los productos químicos, al agua y a la abrasión.

# MATERIALES

## BARNICES Y ESMALTES

Algunas de ellas alcanzan una dureza extrema al secarse a temperaturas elevadas, en lo que se conoce como acabados horneados.

Los barnices y esmaltes más duros y resistentes provienen de las resinas de urea y se conocen como poliuretanos. Se usan en superficies que tienen un tráfico continuo, en pistas de baile, mesas de boliche y embarcaciones.

Estos barnices, generalmente de dos componentes, secan por la reacción química que se produce cuando el catalizador y la resina se mezclan, justo antes de la aplicación.

De la misma familia son las resinas epóxicas, también extremadamente resistentes, muy transparentes, duras, rígidas y con muy buena adhesión a la superficie en que se aplican. Igualmente, son resinas que en general secan por la unión de dos componentes.

## BARNICES Y ESMALTES

# MANUAL DE PINTURA DE CASAS

Los barnices con los que se logran las superficies más brillantes y de mayor transparencia son los de poliéster. Vienen en dos componentes y necesitan mucho cuidado en su aplicación, pero producen resultados no igualados por ningún otro acabado.

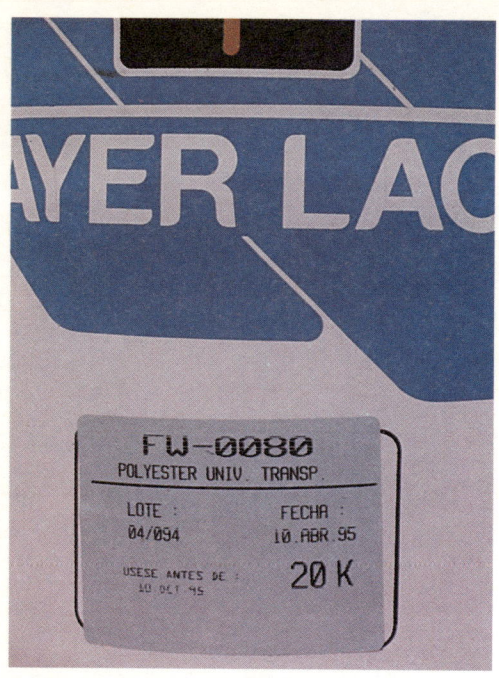

Los barnices de poliéster algunas veces se usan como capa final sobre un esmalte de color, en los acabados automovilísticos llamados bicapa.

Normalmente, la superficie del barniz y el esmalte tienen un gran brillo, pero también se producen barnices y esmaltes con terminado semimate y mate.

Otras veces, para volver mate la pintura brillante se le agrega un matizador.

# MATERIALES

LACAS

Las lacas, hechas con resinas derivadas de la celulosa, se producen transparentes, para acabados de madera y metal, tanto brillantes como semibrillantes y mate.

Las lacas de color se usan principalmente en acabados automovilísticos que requieren un pulido adicional para alcanzar su brillantez final.

Asimismo, se producen lacas brillantes para muebles, y lacas mate para acabados económicos de madera.

**VINÍLICAS**

# MANUAL DE PINTURA DE CASAS

Las pinturas que en su mayoría se distinguen por su acabado mate, se hacen actualmente con resinas de látex que se adelgazan con agua. Cuando el agua se evapora, la resina sufre un cambio químico y deja de ser soluble en agua, por lo que una vez seca se vuelve una pintura lavable.

Estas pinturas encabezan el grupo de aquellas que se conocen como a base de agua. Son pinturas fáciles de aplicar, que no tienen un olor fuerte, y permiten que las brochas e implementos con que se pinta se puedan lavar perfectamente con agua.

Debido a que resisten mucho las sustancias alcalinas, se pueden aplicar en las paredes, pisos y techos de concreto, tabique, block, yeso o piedra, recién hechos, sin tener que esperar a que fragüen, sequen completamente y pierdan su elevada alcalinidad. Además, la mayoría de las pinturas vinílicas son porosas y permiten que los muros, pisos y techos puedan respirar, sin que la humedad ligera les produzca ampollas.

Por eso, las pinturas vinílicas son las más populares para la decoración y protección de las paredes interiores y exteriores.

# MATERIALES

## VINÍLICAS

Estas pinturas se consiguen de diversos precios y calidades, aun del mismo fabricante. La diferencia es que unas tienen más resina de liga que otras, aunque las más baratas, que tienen más pigmentos y rellenadores y menos resina, pueden cubrir más que muchas de las caras.

Una pintura con mayor cantidad de pigmento cubre más metros cuadrados que otra con menos. Pero la pintura con más resina resiste más el maltrato y, por tanto, dura más.

Esto es importante, porque cuesta el mismo trabajo pintar con una pintura corriente que con una pintura fina, pero una pintura corriente o mal aplicada puede durar un año como nueva, mientras que una cara puede durar de 5 a 10 años en perfectas condiciones.

Lo mismo sucede con algunos pintores profesionales y aficionados, que adelgazan demasiado la pintura vinílica para esparcir al máximo una capa delgada. Eso le quita protección a la superficie. Al principio no se nota la diferencia, pero al cabo de un año se dará cuenta de que ya necesita pintar de nuevo.

Las pinturas más finas a base de agua son las 100 % acrílicas, que se consideran el mejor acabado para muros exteriores e interiores, particularmente en lugares de mucho uso. Algunas de estas pinturas 100 % acrílicas, a base de agua, son ahuladas, con una superficie satinada y muy lavable.

## VINÍLICAS

## MANUAL DE PINTURA DE CASAS

Derivados de las pinturas de látex también hay esmaltes, alquidálicos y acrílicos, con brillo fuerte y suave, a base de agua, anticorrosivos, para interiores y exteriores, que están ganando popularidad porque no contienen plomo, porque huelen menos que las pinturas a base de solvente, y porque las herramientas con que se aplican se pueden lavar perfectamente con agua y jabón.

Dentro de esta familia de productos a base de agua están también los barnices de poliuretano.

## PINTURAS ESPECIALES

Hay pinturas a base de hule, conocidas principalmente como de hule clorado, muy resistentes a las superficies alcalinas y a la humedad, por lo que se usan con frecuencia para recubrir cisternas y albercas.

Una familia de estas pinturas de hule clorado se emplea para pintar la línea central de las carreteras y otras señales que requieren pintura que seque rápido y que resista la abrasión, tanto húmeda como seca.

Las pinturas luminosas incorporan pigmentos que brillan con la luz.

Para soportar temperaturas elevadas por tiempo prolongado, entre los 150 y los 500 °C, se usan pinturas a las que se les incorpora aluminio que se funde con la superficie.

# MATERIALES

PINTURAS A LA CAL

Como acabados muy antiguos para muros y techos están las pinturas a la cal, sin duda las más baratas de todas, que se pueden aplicar ya sea en su color blanco natural o coloreadas con algún pigmento.

El pigmento es un polvo que se agrega a la lechada de cal con la que se va a pintar y que no se altera con el paso del tiempo.

Este mismo polvo se aplica a los cementos, ya sean blancos o grises, aumentando la proporción. Las pinturas basadas en el cemento y la cal secan por una reacción química con el agua.

También hay pinturas que son una mezcla de cemento y vinil, económicas, durables y fáciles de aplicar.

**RECUBRIMIENTOS**

# MANUAL DE PINTURA DE CASAS

Dentro de esta familia de productos están los terminados a base de pasta, llamados recubrimientos texturizados.

Entre los más conocidos de estos acabados está el tirol, aplicado o arrojado sobre muros y techos con un aparato muy singular llamado *tirolesa*.

Para aplicarlos con una llana metálica, en una habilidad más cercana al yesero y al albañil que al pintor tradicional, están otros acabados decorativos texturizados. Unos están hechos con una mezcla de cemento blanco, pigmentos, aditivos químicos, resinas sintéticas y agregados pétreos, es decir, arena fina de tamaño uniforme.

# MATERIALES

## MATERIALES PARA DIFERENTES SUPERFICIES

Todos estos productos se fabrican para diversas condiciones de uso. Algunos son para aplicarlos solamente en superficies interiores, que no están expuestas al sol ni a los cambios extremos de temperatura.

Los productos para exterior están fabricados con resinas más elásticas, que soportan bien los cambios de temperatura, la dilatación y el encogimiento de los materiales que cubren.

Los acabados llamados marinos están elaborados con resinas muy resistentes al contacto constante o frecuente del agua.

Las pinturas para metal, generalmente lacas y esmaltes, son anticorrosivas y deben aplicarse sobre una primera capa o primario, también anticorrosivo.

# SELLADORES Y PRIMARIOS

# MANUAL DE PINTURA DE CASAS

En algunos casos es necesario cubrir las superficies que se pintan por primera vez, con sustancias que las preparan para recibir mejor las capas de acabado, como los selladores y primarios.

Los selladores son materiales más económicos que sellan o tapan el poro de las superficies, para que no absorban demasiado material del acabado y no se gaste tanto, y para que tampoco se filtren sustancias desde el interior del muro hacia el acabado.

Hay selladores transparentes específicos para muros de concreto, tabique, block y yeso, ya sean vinílicos o acrílicos.

Los primarios constituyen la primera mano para el acabado. Son una especie de capa intermedia entre la superficie original y el terminado. Proporcionan una superficie enteramente adecuada para recibir las capas posteriores de acabado.

# MATERIALES

## SELLADORES Y PRIMARIOS

Los selladores de silicón se utilizan para proteger y repeler el agua en la cantera y la loseta de barro.

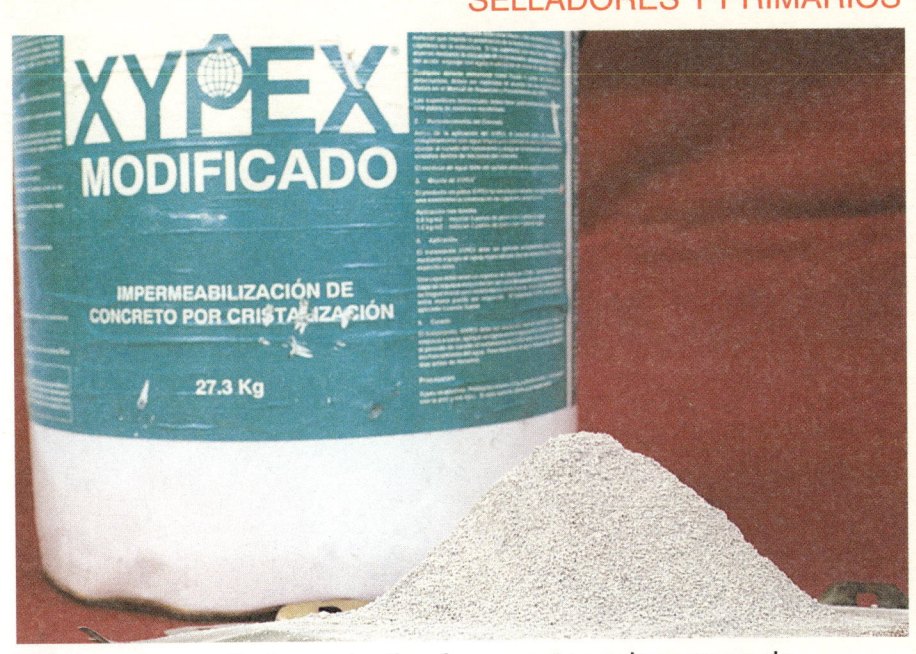

Existen otros selladores destinados a proteger las capas de acabado en los muros que tienen salitre.

Unos más son específicos para las cisternas o albercas, que constantemente contienen agua.

Los selladores para madera sellan el poro de la madera y, al lijarse, dejan una superficie enteramente tersa, lista para recibir la laca.

La madera para cimbra se prepara con un sellador con el que se logra prolongar su vida útil.

## SELLADORES Y PRIMARIOS

# MANUAL DE PINTURA DE CASAS

Para recibir los barnices y esmaltes de poliuretano existen otros selladores específicos, ya sea a base de agua o a base de solvente.

Con frecuencia la propia pintura vinílica diluida un poco más se utiliza como sellador para muros y techos.

Los primarios son indispensables cuando se pinta sobre metal, particularmente en superficies donde se hace por primera vez o donde la capa original de pintura ha desaparecido.

# MATERIALES

## SELLADORES Y PRIMARIOS

Los primarios, asimismo, son capas de material sin transparencia que generalmente tienen un color parecido o compatible al de la capa final y cuya función principal es evitar la corrosión y ayudar a la adhesión de las capas superiores.

En muchas ocasiones la pintura vinílica resulta un excelente primario para los acabados brillantes en madera.

Para evitar la corrosión, algunos primarios están hechos a base de plomo rojo y óxidos de hierro que tienen muy buenas cualidades para evitar la oxidación. Sin embargo, tienen la desventaja de contener plomo en cantidades elevadas, por lo que resultan inadecuados particularmente donde hay niños.

## SELLADORES Y PRIMARIOS

## MANUAL DE PINTURA DE CASAS

Cuando se desea pintar sobre lámina galvanizada, es necesario utilizar un primario apropiado para estas superficies, lo mismo que si se quiere pintar sobre latón o cobre.

### PRIMARIOS

**940 Primario Amarillo Anticorrosivo**, excelente para artículos expuestos a la intemperie que deban resistir condiciones severas de uso constante, de abrasión, etc. Se usa como primera mano para esmaltes y productos de calidad, puede aplicarse con brocha de aire o de pelo y se adelgaza con solventes, gas nafta o xilol. Se adhiere sobre lámina galvanizada.

**950 Primario de Minio Anticorrosivo**, ideales para estructuras, tanques de almacenamiento, expuestos a la intemperie, que deban resistir mucho tiempo sin repintarse. Muy apropiados como base para esmaltes de calidad y pinturas de aluminio. El pigmento que contienen, naranja de plomo es el mejor en cuanto a propiedades anticorrosivas. El secado del Primario 950 es de 3 a 4 horas.

**946 Primario Rojo Estructuras #1**, tiene magnífico poder cubriente buen brillo, protege herrerías, ventanerías, etc. Se reduce con nafta o xilol, etc.

**947 Naranja estructuras #2**, se usa como base para esmaltes de acabados, sus pigmentos anticorrosivos lo hacen apropiado para artículos expuestos a la intemperie.

**949 Negro chasis**, se recomienda para trabajos económicos sobre materiales expuestos a la intemperie, puede rebajarse con gasolina, se aplica de preferencia con pistola de aire. (aspersión)

CONTIENE SUSTANCIAS TOXICAS, cuya inhalación prolongada o reiterada origina graves daños a la Salud.
NO SE DEJE AL ALCANCE DE LOS MENORES DE EDAD.

Debe haber una correspondencia entre las características del acabado y los selladores y primarios. Sólo se deben utilizar los selladores y primarios que se indican en las instrucciones de aplicación de los acabados.

Otros productos que suelen usarse antes de aplicar las pinturas son los detergentes y limpiadores que eliminan grasas, sales y carbonatos de las superficies de los muros y techos.

# MATERIALES

## SELLADORES Y PRIMARIOS

Además de los selladores líquidos hay plastes, que son especies de mastiques que se usan para rellenar juntas y huecos, resanar muros, madera o metal y evitar filtraciones de agua o humedad.

Algunas veces es conveniente aplicar sobre la madera un fungicida o insecticida que la proteja de la polilla, los xilófagos y el moho.

Para eliminar las capas de pintura vieja se usan removedores de pintura para productos alquidálicos, vinílicos, acrílicos, epóxicos o poliuretano.

Las herramientas principales del pintor son, por un lado, aquellas destinadas a preparar la superficie que se va a pintar y, por otro, las que le permiten aplicar la pintura. Entre estas últimas se encuentran las brochas, los rodillos, los rociadores y las pistolas de aire.

# HERRAMIENTAS

Brochas 38
Almohadillas 45
Rodillos 46
Rociadores 51
Pistolas de aire 52
Llanas 52
Tirolesa 52
Espátulas 53
Raspadores 53
Cepillos de acero 53
Cardas de acero 53
Cepillos de cerdas 53
Lijas y lijadoras 54
Cubiertas 55
Sopletes 55
Escaleras 55
Andamios 57

BROCHAS

# MANUAL DE PINTURA DE CASAS

Entre las herramientas que se usan para preparar las superficies están los cepillos de alambre, las cardas de alambre, las lijas, los raspadores y las espátulas.

Adicionalmente, se pueden requerir escaleras y andamios.

Las brochas son las herramientas más comúnmente usadas en la pintura. Las hay de muchos tamaños y calidades, finas, corrientes, buenas y malas.

# HERRAMIENTAS

**BROCHAS**

Una buena brocha sostiene en su interior más pintura, la lleva sin un goteo excesivo, pinta sin salpicar y pone una capa de pintura tersa, con bordes limpios, claramente recortados.

Lo contrario se puede decir de una mala brocha, ya que recoge poca pintura del bote, gotea y salpica en exceso, no deja una capa tersa de pintura y los bordes que produce son irregulares.

El precio de una buena brocha es mayor que el de una de inferior calidad, pero la diferencia al pintar es mucho mayor que su diferencia en costo. De ahí que la mejor recomendación que le podemos hacer es que compre usted la mejor brocha que pueda.

Una buena brocha, con el largo y elasticidad adecuada en las cerdas, no sólo esparce la pintura en una capa tersa, sin huellas, por lo que son ideales para aplicar a mano las pinturas brillantes, sino que además con ellas se carga más pintura. Esto, más que ninguna otra cosa, hace que se tenga velocidad cuando se pinta, pues se emplea más tiempo pasando la brocha para cubrir la superficie y menos recogiendo pintura.

Debido a que una buena brocha maneja mayor cantidad de pintura suavemente, muchas veces se puede hacer el trabajo con una sola mano, en vez de las dos manos que se necesitarían con una mala brocha.

# BROCHAS

## MANUAL DE PINTURA DE CASAS

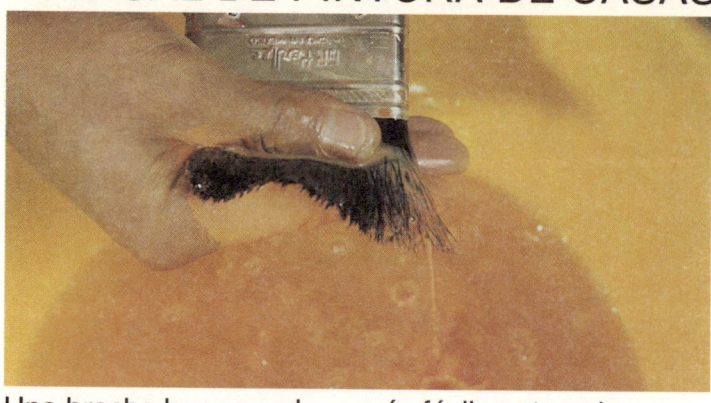

La mayoría de las veces, una brocha mala no puede dejar una buena capa de pintura y se pierde el tiempo tratando de producir un trabajo terso, utilizando una herramienta que no lo permite.

Una brocha buena se lava más fácilmente y dura más, porque sus cerdas están bien colocadas y bien aseguradas. Si se limpia correctamente puede durar muchos años y pintar con ella toda una casa tres, cuatro o cinco veces.

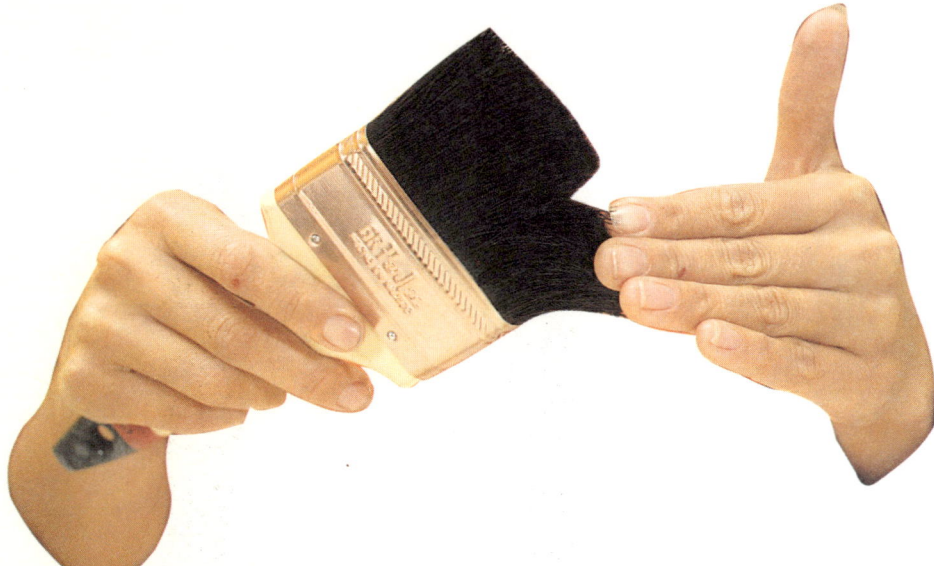

Las cerdas de una brocha de alta calidad resortean y mantienen su forma original cuando se presionan para atrás con la mano, además de que tienen un balance que las hace cómodas para el trabajo diario.

La diferencia entre una buena y una mala brocha está principalmente en las cerdas y en la férrula.

Las cerdas más corrientes son las de crin de caballo. Se distinguen porque tienen el mismo grueso a todo lo largo y no terminan afiladas, pues tienen la punta chata, cortada.

Las más comunes son las brochas con cerdas de cerdo, que se van adelgazando de la base a la punta. Estas brochas de cerda natural son las más adecuadas para las pinturas de aceite.

Las brochas de cerdas de cerdo más finas son las de los cerdos salvajes de china, que no sólo terminan en punta, sino que al final se rompen en varias fibras más delgadas, llamadas *banderas*. Las banderas hacen que las brochas puedan cargar más pintura y la esparzan más tersamente, además de que prolongan su vida.

# HERRAMIENTAS

## BROCHAS

Las brochas de cerdas de nylon pueden ser corrientes, del mismo espesor a todo lo largo, y chatas como las de crin de caballo, o pueden ser finas, adelgazándose hacia la punta y con banderas que permiten la aplicación más tersa posible de la pintura.

Estas brochas finas de nylon son lo mejor que hay y pueden cargar hasta tres veces más pintura que las de fibra natural.

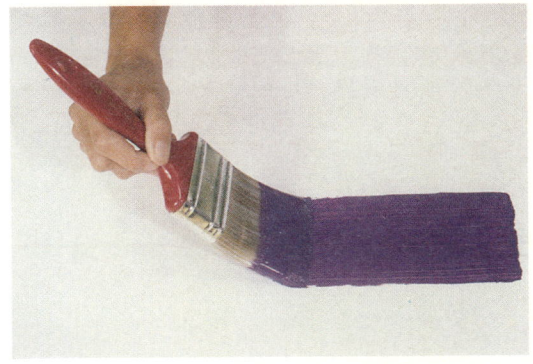

Las brochas de nylon tienen la ventaja de que no se suavizan con el agua, de modo que resultan ideales para pintar con pinturas, barnices y esmaltes a base de agua.

Para pintar los barrotes de las ventanas también hay unas brochas ovaladas de 1 a 5 cm de diámetro y otras sesgadas, especiales para pintar los bordes.

Las brochas para esmalte y barniz están hechas con fibras más delgadas. Tienen las cerdas del centro ligeramente más cortas que las de fuera, para producir una película pareja al usar los barnices espesos o viscosos de alto brillo.

Para pintar una casa se necesitan tres brochas: una ancha de 10 a 15 cm para las paredes, otra muy angosta, de alrededor de 2.5 cm, para los barrotes de las ventanas y una mediana, de 5 a 8 cm, para zonas estrechas y los marcos de puertas y ventanas. La brocha mediana se usa en áreas que resultan angostas para la brocha de pared y muy anchas para la brocha de barrotes.

# BROCHAS

## MANUAL DE PINTURA DE CASAS

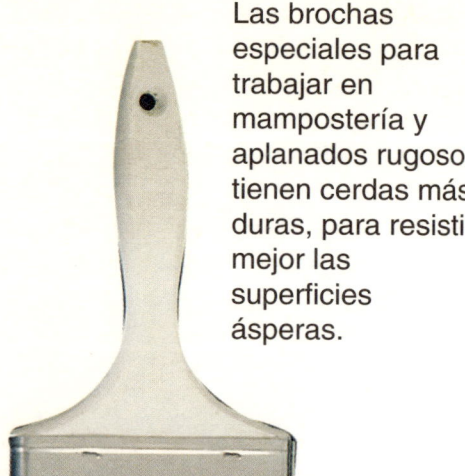

Las brochas especiales para trabajar en mampostería y aplanados rugosos tienen cerdas más duras, para resistir mejor las superficies ásperas.

La brocha para esténciles, redonda y plana en la punta, se usa principalmente para decoración con cenefas y otros dibujos hechos con una plantilla sobre muros y pisos.

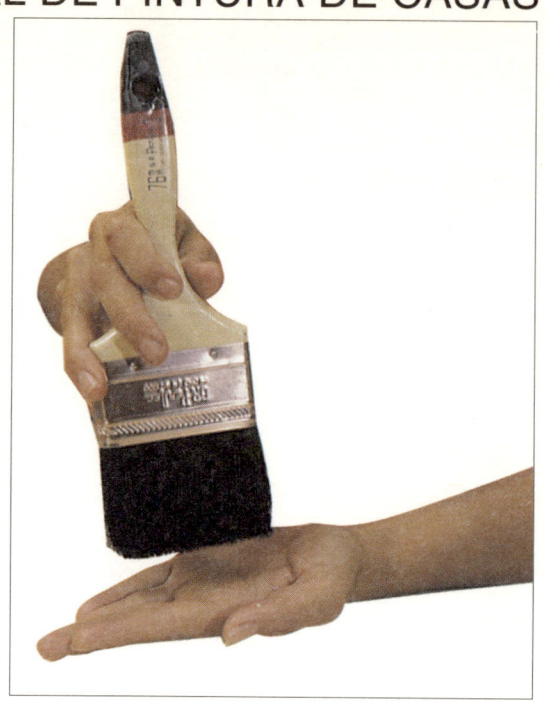

Al comprar una brocha conviene quitar cualquier cerda suelta, pasando los dedos varias veces a través de ellas y golpeando ligeramente la punta de la brocha contra la palma de la mano.

Una brocha tarda mucho en desgastarse por el uso, de modo que puede durar muchos años simplemente lavándola bien después de usarla.

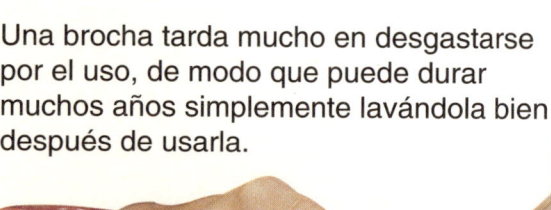

Y al contrario, la mejor manera de dañar una brocha desde la primera vez que se usa, es no lavándola bien.

Si está haciendo un trabajo que dura más de un día, guarde las brochas por la noche sumergidas en el mismo solvente que usa para la pintura. Así, guarde una brocha con pintura vinílica en agua y una brocha con pintura de aceite en el thíner de la pintura.

Asegúrese de que el solvente cubra las cerdas completamente, llegando hasta arriba del borde de la férrula.

# HERRAMIENTAS

BROCHAS

 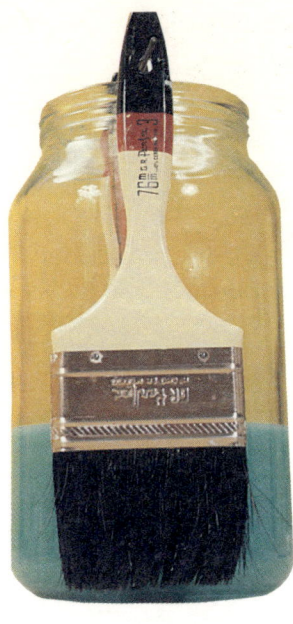 

Las cerdas no deben descansar en el fondo del recipiente. Para eso se taladra un hoyo en el mango de la brocha y se cuelga de un alambre que descanse en el borde del frasco.

Al meterlas en el solvente se evita que la pintura se endurezca en lo más mínimo. Al día siguiente, cuando se reanuda el trabajo, solamente se sacude el exceso de solvente, y se dan dos o tres brochazos sobre un periódico viejo.

Al terminar el trabajo, las brochas deben lavarse inmediatamente, cuando todavía están suaves y la pintura no las ha endurecido nada. Si se está pintando con pintura de aceite, la brocha se debe enjuagar primero en el mismo solvente con que se adelgaza la pintura.

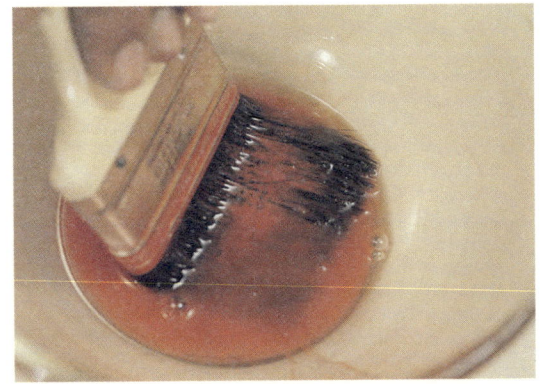

Después, se deben hacer otros enjuagues con thíner normal, más económico.

Al meter la brocha en el thíner se debe presionar contra las paredes del recipiente, para que suelte la pintura.

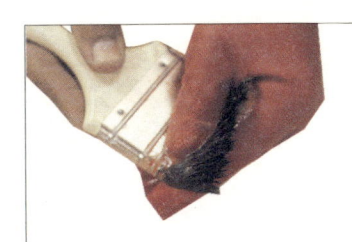

Luego, las cerdas se deben exprimir entre los dedos para quitar la pintura del centro de la brocha.

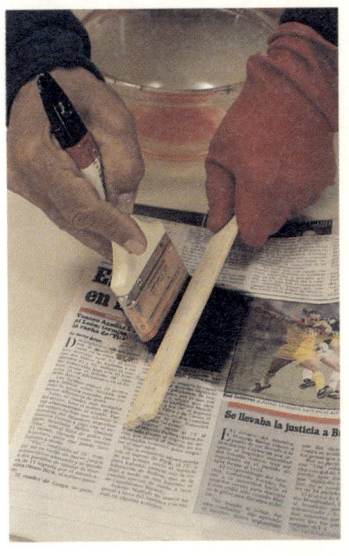

También se debe presionar con una regla desde la férrula, para sacar la pintura que se acumula en el talón.

## BROCHAS

## MANUAL DE PINTURA DE CASAS

El talón es una pieza de hule vulcanizado colocada bajo la férrula, a la que van sujetas las cerdas.

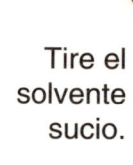

Tire el solvente sucio.

Ponga nuevo solvente y repita el procedimiento varias veces, hasta que no quede traza de color.

Después del enjuague final se lava la brocha con agua y jabón, hasta que no muestre color.

Enseguida se peina la brocha usando un peine, para asegurarse de que las cerdas quedan rectas y paralelas.

Deje que la brocha seque un poco y envuélvala en papel de estraza, con cuidado para que las cerdas no se doblen.

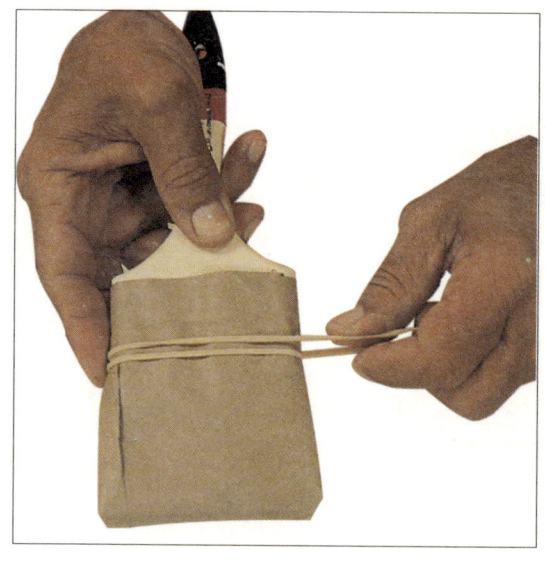

Luego, sujete el papel con una liga.

# HERRAMIENTAS

## BROCHAS

Si se está pintando con pintura vinílica o cualquier otro producto a base de agua, simplemente se escurre la mayor cantidad posible de pintura en un chorro de agua, tibia de preferencia.

Para ayudar a la limpieza se oprimen y doblan las cerdas con los dedos.

Luego, se prepara una solución ligera de agua con detergente. Es mejor si el agua es tibia y también es mejor si el detergente es para lavadora de platos. Luego, enjuague la brocha repetidamente en agua tibia hasta que no salga más color.

Finalmente, saque la brocha del agua verticalmente y cuélguela mojada para que escurra y seque con las cerdas rectas hacia abajo.

## ALMOHADILLAS

Las almohadillas y las brochas de esponja están hechas con un cojín delgado de esponja sintética colocado sobre una base plana. Para usarlas se sumergen en la pintura de un recipiente de poco fondo, como las charolas que se usan para pintar con rodillo.

## ALMOHADILLAS

# MANUAL DE PINTURA DE CASAS

La almohadilla se frota a lo largo de la superficie, dejando una buena cantidad de pintura sobre ella, más de la que se podría poner con una brocha o con un rodillo. Es poco probable que la pintura escurra al aplicarla con la almohadilla, por lo que se logra una excelente velocidad de trabajo. Hay almohadillas de diversas formas y tamaños.

## RODILLOS

Los rodillos son la herramienta ideal para pintar grandes áreas y lugares difíciles de alcanzar como los techos y los huecos de las escaleras. Son muy prácticos para aplicar las pinturas vinílicas, pero no muy apropiados para las de aceite y las brillantes a base de agua, porque dejan una superficie ligeramente rugosa.

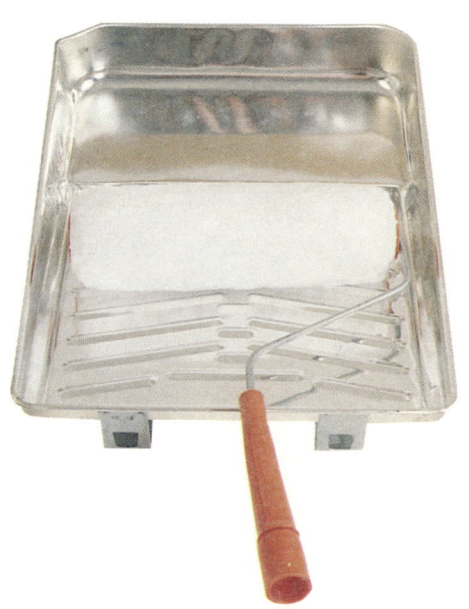

Los rodillos manuales se usan en combinación con una charola especial, de donde se toma la pintura para después esparcirla sobre los muros.

# HERRAMIENTAS

## RODILLOS

Los rodillos automáticos se usan en combinación con una compresora de aire o una bomba rociadora, que envían la pintura directamente al rodillo a través de una manguera.

Los rodillos manuales están compuestos de un mango, un eje que gira y una cubierta de material absorbente, con la que se pinta. En la mayoría de los rodillos la cubierta se puede cambiar para adaptarse a distintas condiciones de la superficie.

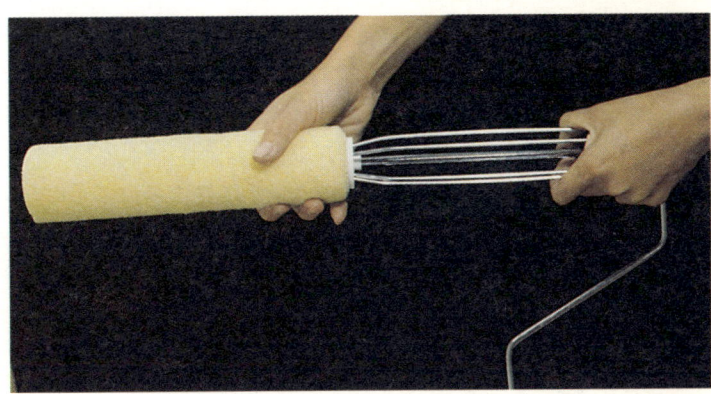

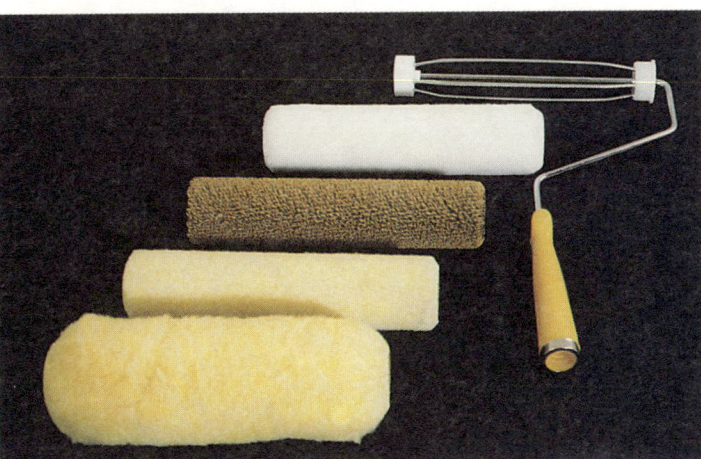

Para ello, las cubiertas y los rodillos tienen distintas formas y texturas. Hay las cubiertas normales de 20 a 30 cm de largo para pintar los muros.

Están, asimismo, las cubiertas y rodillos más angostos para pintar en las partes estrechas, como entre dos ventanas cercanas.

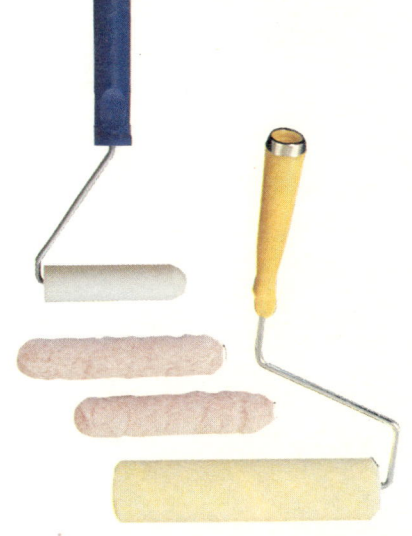

Al igual que con las brochas, la calidad de la cubierta del rodillo es determinante en la calidad y rapidez con que se hace el trabajo.

# RODILLOS

## MANUAL DE PINTURA DE CASAS

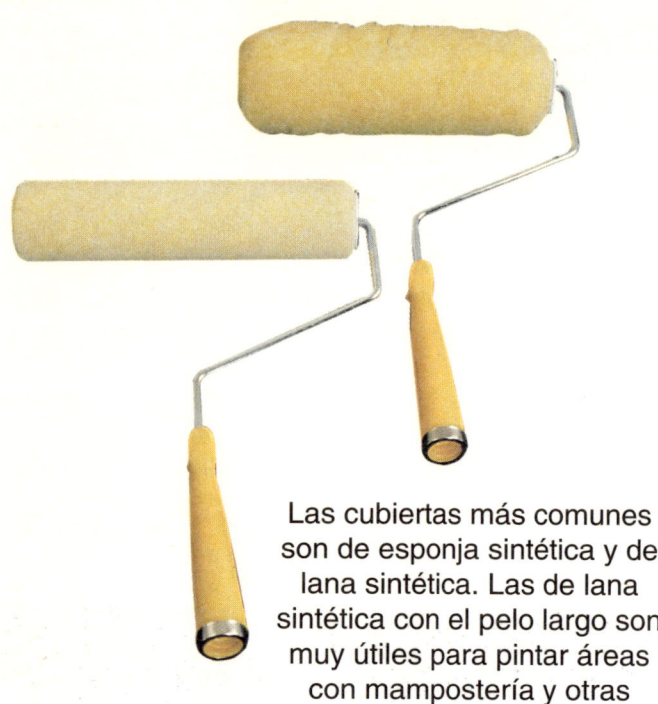

Las cubiertas más comunes son de esponja sintética y de lana sintética. Las de lana sintética con el pelo largo son muy útiles para pintar áreas con mampostería y otras superficies ásperas.

Las cubiertas, cualquiera que sea el material con que estén hechas, deben ser elásticas como resorte, con las fibras espaciadas para que suficiente pintura pueda alojarse entre ellas, a fin de dejar una buena capa de pintura en cada pasada.

La ventaja de las fibras sintéticas de calidad es que mantienen su elasticidad aun cuando estén mojadas, de modo que pueden esparcir la pintura con la misma calidad tanto al principio como al final del trabajo.

# HERRAMIENTAS

RODILLOS

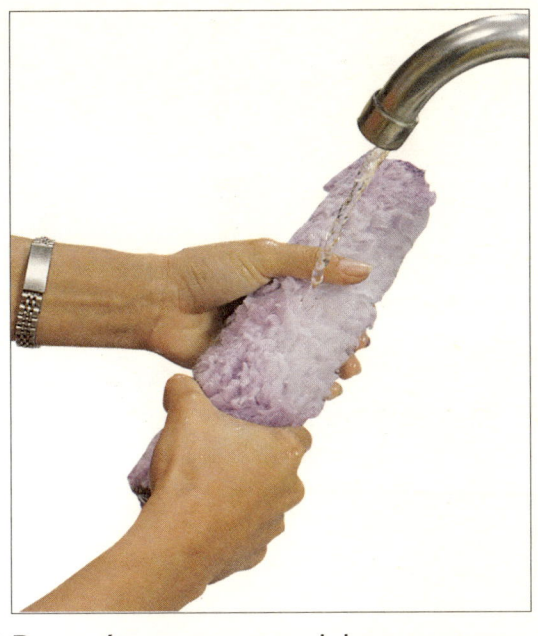

Las fibras y esponjas sintéticas de calidad tienen la ventaja de que se lavan más fácilmente y al terminar quedan como si estuvieran nuevas. Primero se meten bajo un chorro de agua.

El agua del chorro les quita la mayor parte de la pintura.

Después, se separan del mango y se exprime repetidamente el rodillo para quitar los restos de pintura.

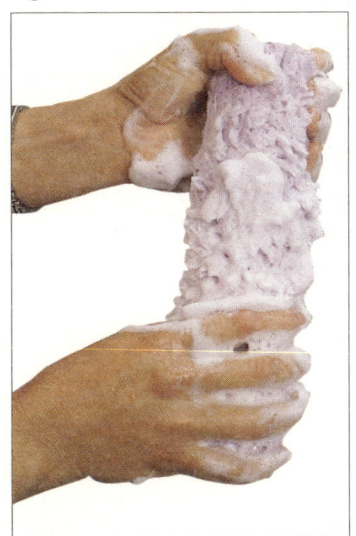

Enseguida, se lava con jabón o detergente.

Finalmente, cuando ya no sale color alguno, se enjuaga bien y se exprime.

Las cubiertas con fibras de poca calidad se apelmazan dejando después una capa dispareja de pintura.

Para poder pintar la parte alta de las paredes y los techos sin necesidad de andamios, los mangos de los rodillos pueden tener una extensión.

## RODILLOS

## MANUAL DE PINTURA DE CASAS

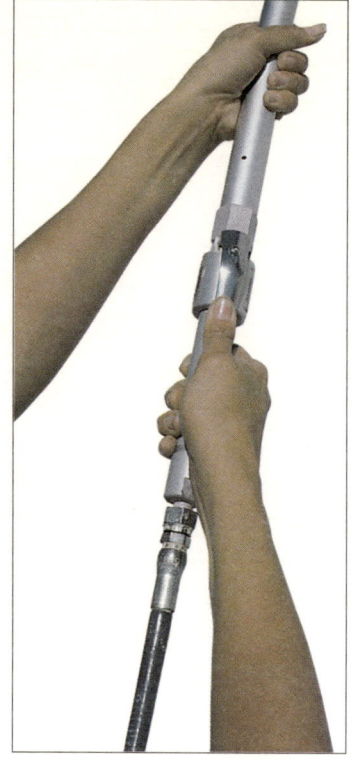

Los rodillos automáticos toman la pintura directamente de la lata. Consisten en un rodillo con un mango al que va conectada una manguera, por la que llega la pintura constantemente, impulsada por un compresor.

En el mango hay un control que permite regular la velocidad de aplicación, para ajustarse al ritmo de movimiento de cada pintor.

Al principio, todo este equipo parece estorboso, además de pesado, pues el rodillo de cerca de 30 cm de largo va lleno de pintura, al tiempo que la manguera limita un poco los movimientos. Pero al empezar a pintar se descubre que con el rodillo automático se cubre la superficie con una capa de pintura perfecta, más rápido de lo que usted había pintado en su vida. Además, cubre los muros de manera más pareja que los rodillos manuales, porque no se tiene la tentación de esparcir la pintura, adelgazándola, para disminuir las veces que se carga el rodillo.

Estos equipos se usan solamente con las pinturas a base de agua, porque el costo del thíner para lavar todo el equipo puede resultar muy caro. En cambio, limpiarlos con agua resulta relativamente fácil. Primero, la cubierta se separa del mango y se lava como cualquier rodillo. Enseguida el equipo se pone a trabajar con agua limpia, con lo que se lava todo el interior hasta que el agua sale completamente limpia.

# HERRAMIENTAS

## ROCIADORES

Para el trabajo del pintor profesional o para quien desea pintar un edificio o varias casas, existen equipos para rociar la pintura sin aire, solamente a presión, en una técnica conocida como *airless* o sin aire. Se trata de unas bombas que rocían desde pinturas muy delgadas, como las tintas para madera, hasta las espesas pinturas a base de agua. Arrojan la pintura en un fino abanico que penetra fácilmente hasta en las paredes de mampostería de tabique.

Con estos rociadores el trabajo de pintar se hace más rápido que con cualquier otro sistema.

La mayoría de los rociadores se pueden convertir, muy fácilmente, en rodillos automáticos.

51

## PISTOLAS DE AIRE

Las pistolas de aire son equipos de uso relativamente limitado en la pintura de casas y edificios. Son muy útiles para colocar capas muy tersas de esmalte, barniz y laca.

# MANUAL DE PINTURA DE CASAS

Estos equipos están compuestos de una compresora de aire, que lo arroja a presión a través de una manguera conectada a la pistola. Para una explicación detallada del uso de estos equipos consulte el manual sobre pintura automotriz de esta misma colección.

En la pintura de casas y edificios estos equipos se usan principalmente en el acabado de puertas, lambrines y los paneles de madera que cubren los muros. En la pistola, el aire se mezcla con la pintura, que sale como un fino rocío, y cubre la superficie con una tersura no igualada con los otros procedimientos. Son equipos utilizados principalmente para acabados finos sobre metal y madera.

## LLANAS

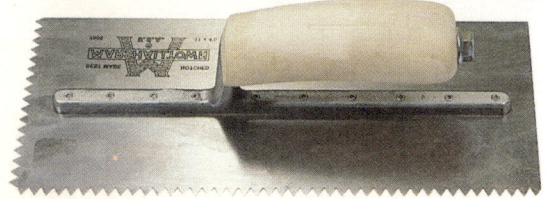

La llana se usa para extender la capa de recubrimiento sobre los muros y en algunas ocasiones para dar la textura misma.

## TIROLESA

La tirolesa es la herramienta usada para hacer un tipo de acabado rugoso, llamado tirol, en que pequeños trozos de pasta de acabado se arrojan sobre las paredes y techos.

Para arrojar la pasta, la tirolesa tiene un eje con unas pequeñas lengüetas de acero que, al girar, arrojan la pasta con fuerza por una amplia boquilla.

# HERRAMIENTAS

## ESPÁTULAS

Las espátulas son herramientas que se emplean para preparar la superficie. Su función principal es ayudar a colocar y extender el resanador en los huecos e irregularidades de las superficies para eliminar sus defectos.

Una variante de las espátulas es la cuña de acero, que es una pequeña lámina sin mango que se usa para rellenar pequeñas irregularidades con resanador o con plaste.

## RASPADORES

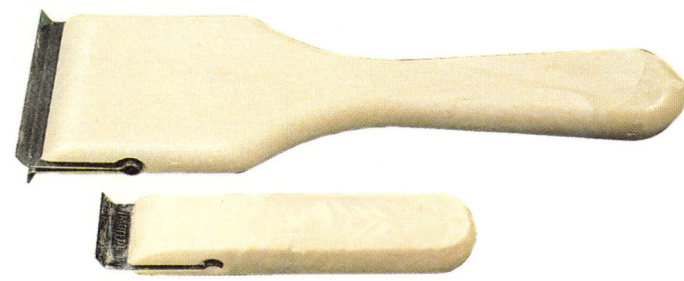

Los raspadores son unas navajas para raspar y quitar la pintura vieja, cuando se está convirtiendo en polvo o cuando se descascara. Tienen un mango y una cuchilla sencilla, en forma de L, o doble, en forma de T, con cuyo filo se raspa la superficie donde se quiere quitar la pintura vieja para poder repintar.

## CEPILLOS DE ACERO

Los cepillos de acero se utilizan para quitar suciedad y material suelto, principalmente en las superficies de mampostería o con acabado rugoso. Los hay delgados, con un mango largo, o más anchos, sin mango, con las cerdas más cerradas, para superficies donde se requiere una herramienta más tosca.

## CARDAS DE ACERO

Para quitar la pintura suelta y el óxido de piezas de herrería comúnmente se usa una carda circular de acero en combinación con un taladro.

## CEPILLOS DE CERDAS

Los cepillos de cerdas se emplean para quitar polvo suelto de las superficies que se van a pintar.

## LIJAS Y LIJADORAS

## MANUAL DE PINTURA DE CASAS

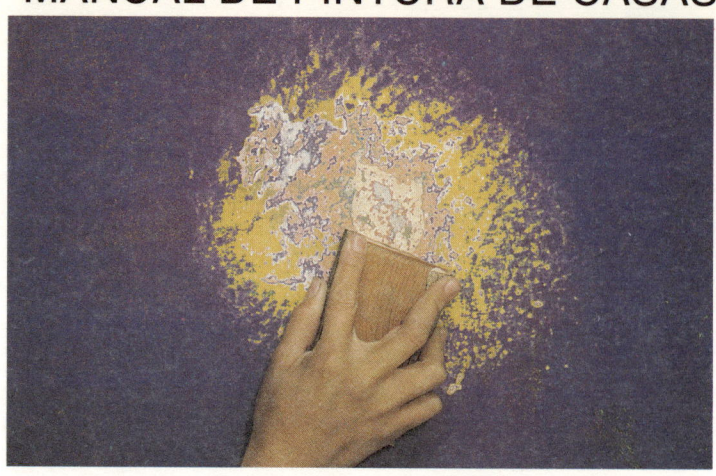

Las lijas tienen muchos usos en los trabajos de pintura. Por una parte, ayudan a retirar el material suelto de muros de yeso, ventanas, puertas y lambrines.

Por otra, permiten desvanecer los bordes de la pintura vieja, allí donde se ha caído, de modo que con la capa de pintura nueva resulten invisibles.

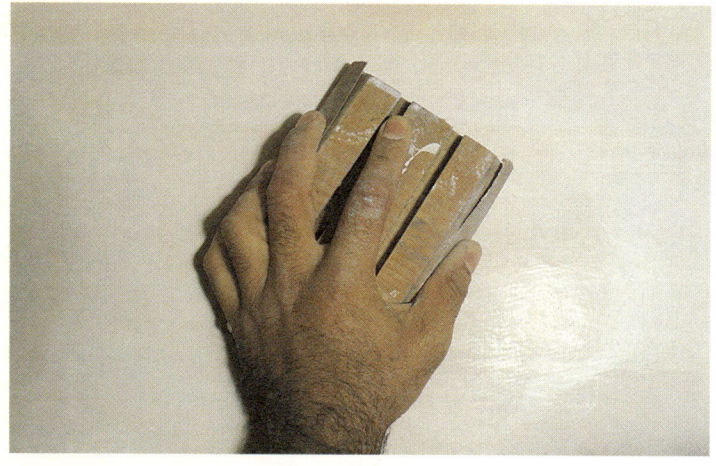

Asimismo, matan el brillo de las superficies pintadas con esmalte o barniz, para lograr una base que permita la adhesión de la pintura nueva.

Las lijas se deben usar sobre un taco de madera con el que se lija mejor que directamente con la mano. Con un taco la lija dura más, porque el esfuerzo de lijar se dispersa y no se concentra en un punto, como cuando se presiona sólo con los dedos.

Con las lijadoras eléctricas, de preferencia orbitales, el trabajo de preparar la superficie para recibir la pintura se hace mucho más rápido.

# HERRAMIENTAS

## CUBIERTAS

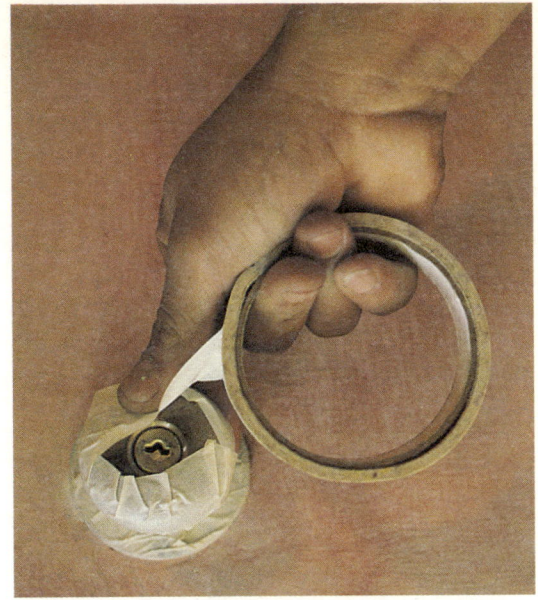

Para cubrir los bordes de las superficies que no se quiere pintar se usa la cinta de enmascarillar o *masking tape*.

Para proteger de las salpicaduras grandes áreas que no se quiere pintar se utilizan piezas de manta, hojas de plástico grande o piezas grandes de papel de estraza. En sitios pequeños se acostumbra colocar periódicos viejos.

## SOPLETES

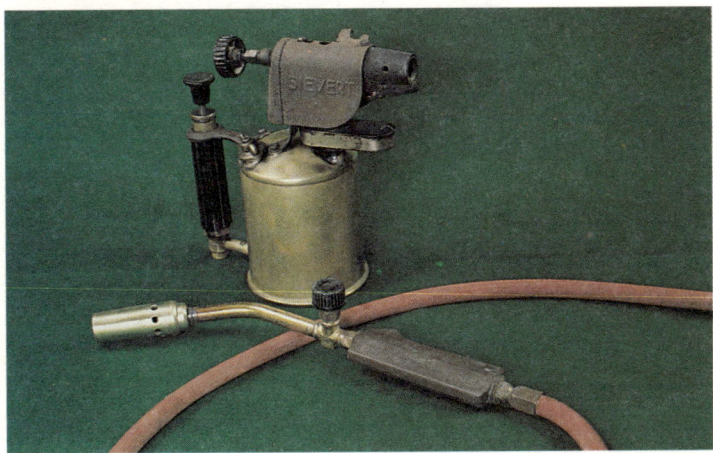

Los sopletes, ya sea de gasolina o de gas butano, se usan para ablandar la pintura vieja a fin de quitarla con facilidad en trabajos de repintado.

## ESCALERAS

Las escaleras portátiles se usan para que el pintor pueda tener acceso, con seguridad, a superficies que no puede alcanzar parado en el suelo. Hay tres principales tipos de escaleras. Las más comunes son las escaleras rectas, simples, que necesitan apoyarse o recargarse en un muro u objeto firme para poder usarse.

ESCALERAS

# MANUAL DE PINTURA DE CASAS

Las escaleras de extensión consisten en dos secciones con las que es posible variar la altura. Al igual que la escalera sencilla, la de extensión debe apoyarse sobre el muro para ser usada.

La escalera de tijera o caballete se sostiene sola gracias a que sus dos secciones van unidas en la parte de arriba con una bisagra, en tanto que la parte de abajo se abre en ángulo para formar cuatro patas de apoyo.

Las escaleras de caballete o tijera medianas suelen tener una doble plataforma, la de arriba y otra un escalón abajo, que permite colocar con seguridad el bote de pintura.

# HERRAMIENTAS

ANDAMIOS

Los andamios son plataformas provisionales con las que el pintor puede andar en alto, para pintar paredes y techos. Hay varios tipos de andamios. Uno de los más simples es el andamio de burro, que consiste en dos caballetes o burros sobre los que se colocan una o dos tablas, para que el pintor camine a lo largo de la pared o para alcanzar una parte del techo.

Una versión casera de este andamio es colocar dos sillas y sobre ellas una tabla.

A base de cuatro polines ligeros, largueros y travesaños es posible hacer la base de otro andamio, muy común en algunas construcciones. Este género de andamios se puede hacer de metal, ya sea con tubos galvanizados, con ángulos de hierro o con piezas de aluminio.

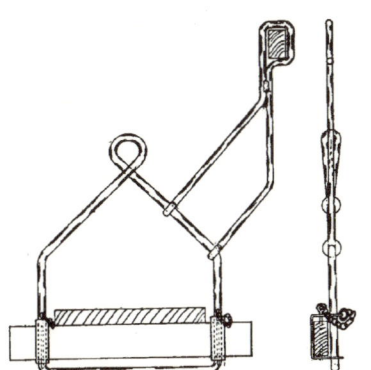
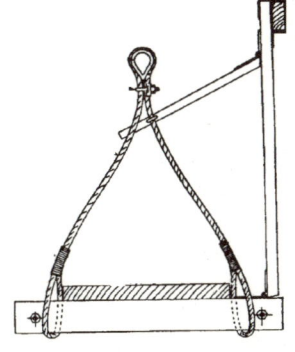
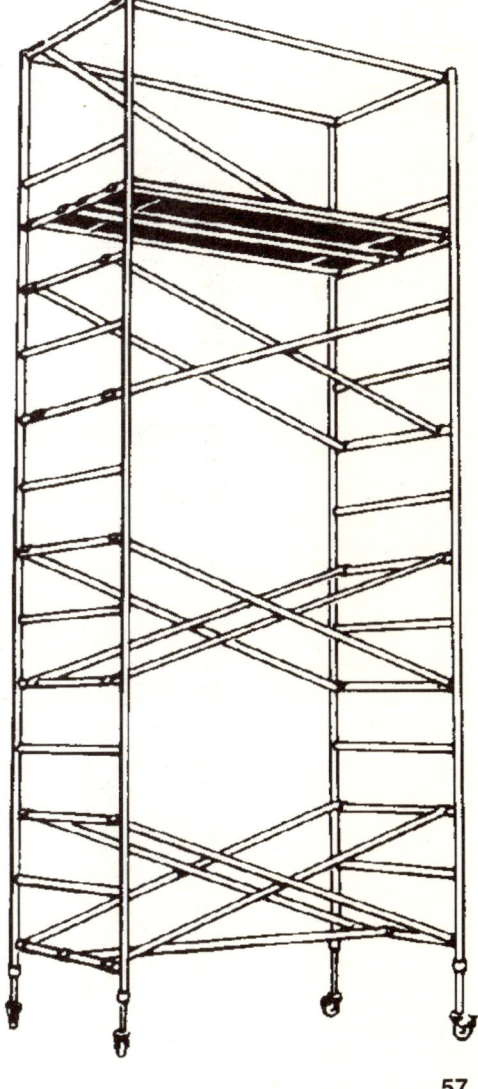

Para preparar y pintar las superficies exteriores que son inaccesibles con escaleras, algunos pintores usan los andamios colgantes, de los que hay muchas versiones. Los andamios colgantes más seguros están hechos con algunas piezas de metal. Sin embargo, lo mejor es utilizar un andamio profesional, de los que hay varios modelos en establecimientos dedicados a su venta y arrendamiento.

La preparación de la superficie que se va a pintar es importante no sólo para que la nueva pintura luzca bien, sino también para que dure y no resulte que al poco tiempo le salgan los defectos debidos a que algo andaba mal abajo.

La mayoría de los errores que arruinan un trabajo de pintura se cometen antes de que la brocha o el rodillo toquen la superficie.

# PREPARACIÓN DE LA SUPERFICIE

Superficies exteriores 60
Superficies interiores 66
Superficies de madera 70
Superficies de metal 75

## SUPERFICIES EXTERIORES

# MANUAL DE PINTURA DE CASAS

No hay pintura que dure si se aplica sobre una superficie sucia, grasosa, húmeda, caliza, salitrosa, cuarteada o demasiado brillante, aunque hay algunos pintores profesionales y aficionados que creen que si se pone suficiente pintura no habrá problema. Pero se equivocan.

Puede ser que al principio todo parezca bien, pero a los pocos días, semanas o meses, donde quiera que la superficie no se preparó o no se preparó bien, pueden comenzar a aflorar defectos en el acabado.

Las superficies de mampostería, de aplanado de cemento o de concreto, que han sido previamente pintadas y que están en buenas condiciones, únicamente necesitan que se quite el polvo y la suciedad acumulada, utilizando una escoba y un cepillo de cerdas o de alambre.

Además se deben quitar todos los objetos colgados en la pared.

Y se deben retirar todos los clavos.

Si esas superficies se van a pintar con vinílica o con otro material a base de agua, se acostumbra humedecerlas rociándoles agua, que escurra y penetre, para que el material poroso absorba menos pintura y, a la vez, haya mayor adhesión. La segunda mano se debe aplicar normalmente.
Para lavar con agua se puede usar una manguera de jardín, aunque también hay unas bombas que echan chorros de agua a presión.

# PREPARACIÓN DE LA SUPERFICIE

SUPERFICIES EXTERIORES

Los cepillos de alambre deben usarse con cuidado, pues si se frota demasiado pueden desgastar la superficie de modo disparejo.

Sin embargo, el chorro verdaderamente pesado, usado para lavar superficies como la roca, con suciedad muy severa, es el chorro de arena con agua o *sandblast*. Se trata de un equipo especializado que debe ser usado sólo por manos profesionales.

Cuando la mampostería no tiene pintura anterior resulta muy absorbente, por lo que conviene, después de limpiarla, aplicar un sellador para mampostería, antes de poner la primera capa de pintura.

En las paredes con un poco de humedad es frecuente que con el tiempo se desarrolle una lama o moho verde oscuro, que se quita lavando primero con agua y un poco de cloro o blanqueador de ropa que mata el musgo. Enseguida, se remueve con agua y detergente. Se enjuaga bien y se deja secar.

# SUPERFICIES EXTERIORES

## MANUAL DE PINTURA DE CASAS

Si sobre los muros aparecen manchas superficiales, pequeñas o grandes, de sales calizas, se deben raspar y luego lavar con una solución de ácido muriático en tres partes de agua.

El ácido se agrega muy lentamente al agua; jamás el agua al ácido.

Aplique a la superficie con una brocha. Luego, enjuague bien la superficie y deje secar antes de pintar.

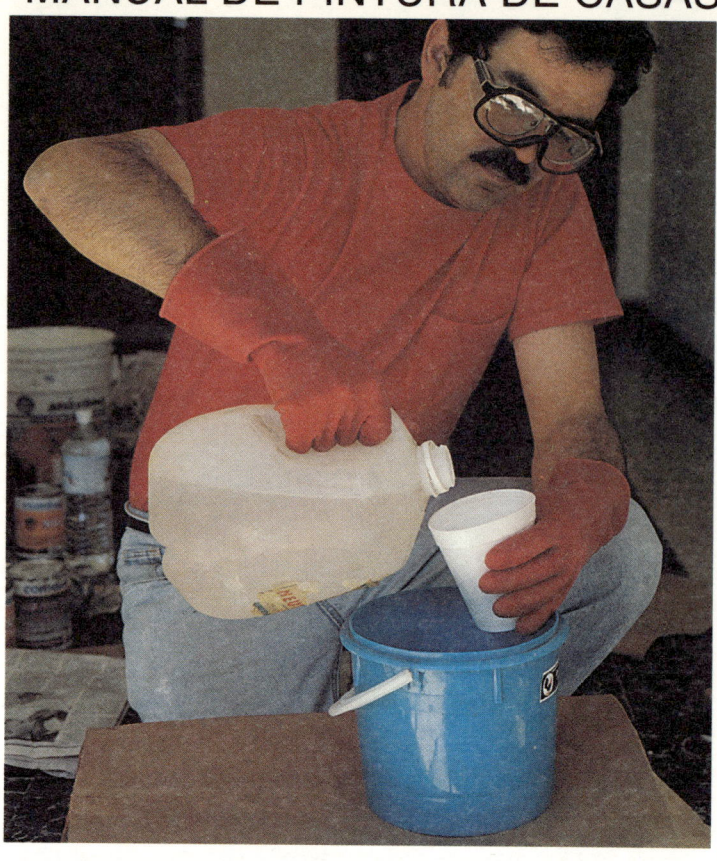

El ácido muriático es una sustancia corrosiva que se debe manejar con mucho cuidado, usando guantes de hule y anteojos de seguridad.

En caso de que la mancha sea más severa, en lo que se conoce como salitre, se debe tratar con un primario especial para salitre.

Primero retire todo el material suelto.

Enseguida aplique el sellador para salitre.

# PREPARACIÓN DE LA SUPERFICIE

**SUPERFICIES EXTERIORES**

Finalmente deje secar, lije la superficie sellada y aplique la pintura.

Las ampollas aparecen en la pintura cuando bajo la superficie hay humedad, sudores o vapores.

Estas ampollas se deben arrancar con una espátula y, si es posible, elimine la fuente de la humedad. Enseguida se debe aplicar sellador.

Los bordes de la pintura se deben desvanecer lijándolos, para eliminar cualquier borde en una zona de 2 a 3 cm, degradándola para que quede un desnivel muy extendido, que no se note cuando se ponga la nueva pintura.

Enseguida, se aplica una mano de la pintura con que se va a cubrir toda la superficie. Se deja secar y se lija.

**SUPERFICIES EXTERIORES**

**MANUAL DE PINTURA DE CASAS**

La pintura descascarada aparece por lo general cuando la superficie no se preparó correctamente antes de poner la pintura anterior, porque no hubo una superficie base en la cual se pudiera adherir perfectamente la pintura nueva. Toda la pintura descascarada se debe eliminar con espátula y cepillo, hasta que aflore la superficie anterior.

Entonces, conviene lijar y colocar una capa de sellador que a la vez sirva como una buena base para la pintura nueva.

Si los bordes están muy cortantes se suavizan y redondean.

Las grietas, ranuras, desportilladas o huecos sobre la superficie se deben resanar. Para resanar, primero se quita con una espátula todo el material seco que hay alrededor del defecto.

Enseguida, se termina de quitar el material suelto con un cepillo de alambre.

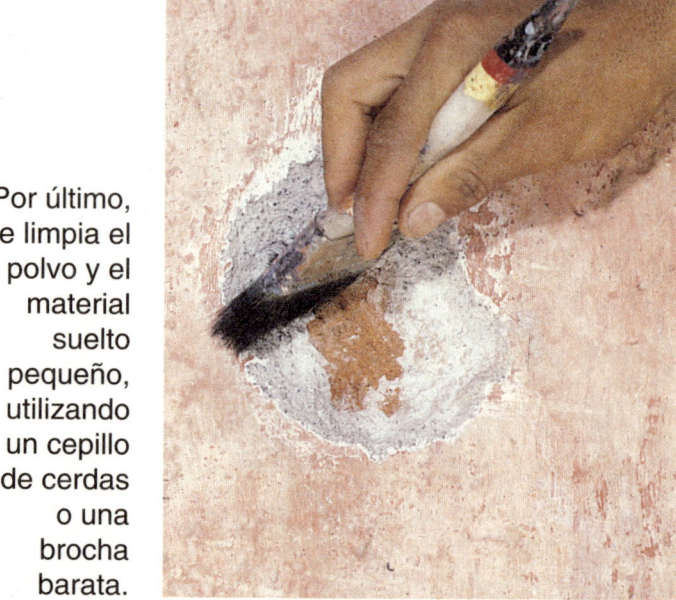

Por último, se limpia el polvo y el material suelto pequeño, utilizando un cepillo de cerdas o una brocha barata.

# PREPARACIÓN DE LA SUPERFICIE

**SUPERFICIES EXTERIORES**

El resane se puede hacer de varias maneras. Si se trata de aplanados a base de cemento y arena, se tapan preparando un poco del mismo material. O también, con un resanador comercial especial para aplanados de cemento que ya viene listo para usarse.

Enseguida, se humedecen el hueco y la zona vecina.

Las ranuras y huecos grandes se rellenan en dos etapas porque el primer relleno generalmente se encoge un poco al secar. La primera capa se aplica sin nivelar dejando una superficie áspera para recibir la segunda.

Se deja secar y antes de pintar se lija para emparejar los bordes.

Los huecos y ranuras pequeños se cubren con una sola capa que no se deja enteramente al ras, sino ligeramente saliente, para lijarse después de que seque y encoja.

Tanto el cemento como la cal y el yeso secan no tanto por evaporación como por un proceso químico de curado, que tarda semanas y hasta meses en completarse. Si se van a usar pinturas a base de agua no hay mayor problema en pintar una vez que seque bien. Pero si se van a emplear pinturas de aceite, entonces es necesario esperar el tiempo necesario para que el material de la reparación cure bien.

## SUPERFICIES EXTERIORES

# MANUAL DE PINTURA DE CASAS

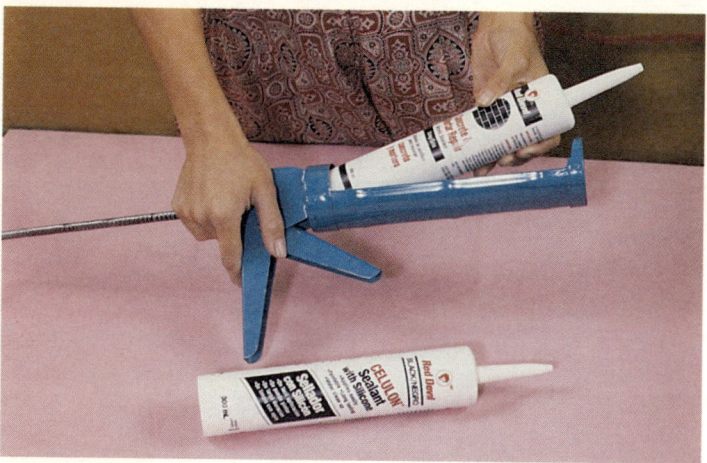

Cuando hay una unión entre dos materiales, la junta debe sellarse con un sellador calafateador. Estos productos vienen en tubos que se montan en una pistola aplicadora.

Hay unos de estos selladores que arrojan un sellador acrílico pintable para sellar uniones cuyos materiales tienen poco o ningún movimiento.

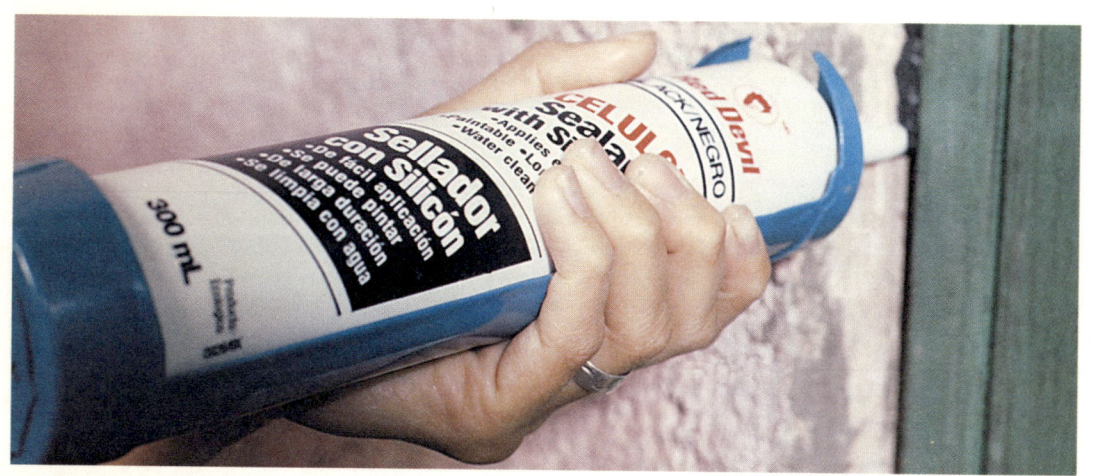

Asimismo, hay otros selladores, generalmente a base de silicón o hule, que se usan principalmente en las uniones sujetas a un movimiento o a una dilatación diferente entre ellas.

## SUPERFICIES INTERIORES

Prácticamente no hay diferencia entre la preparación de las superficies interiores y las exteriores. Lo que cambia un poco son los materiales sobre los que se hace.

Si la superficie interior es un aplanado de mezcla, entonces se prepara igual que las superficies exteriores, mencionadas anteriormente. Si se trata de yeso fresco es mejor esperar a que esté completamente seco. Aunque si se va a aplicar pintura vinílica es posible pintar cuando ya está a punto de quedar completamente seco. Si el yeso está recién seco pero se va a poner pintura que no es vinílica, entonces hay que aplicar un sellador antes de pintar, para quitarle lo alcalino a la superficie. Esta condición alcalina se refiere a la presencia de sales calizas frescas que están presentes en los acabados recientes.

# PREPARACIÓN DE LA SUPERFICIE

**SUPERFICIES INTERIORES**

Si se va a repintar una superficie interior que está limpia y en perfecto estado, simplemente hay que seguir adelante. Quite los cuadros, las cortinas y todo lo que cuelgue. Si los cuadros van a ser colocados en el mismo lugar deje los clavos y las alcayatas de donde cuelgan.

Pero si se van a arreglar de otra manera, hay que sacar todos los clavos y alcayatas y resanar los hoyos.

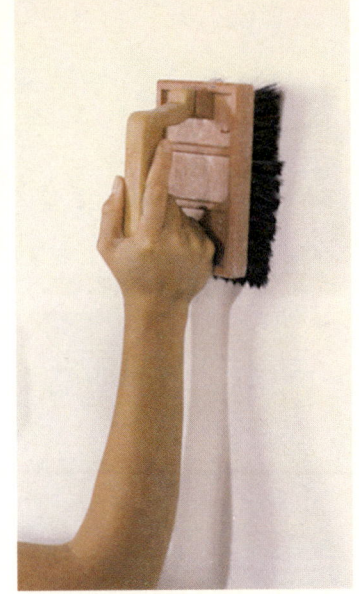

En caso de que el cuarto no esté enteramente limpio, lo primero es quitar la suciedad. En cuartos relativamente aseados se puede hacer simplemente pasando un cepillo de cerdas y un trapo húmedo.

Pero en cuartos donde hay manchas de grasa o suciedad excesiva, es necesario lavar las paredes. Tome una buena esponja grande y una cubeta con agua tibia y detergente, de preferencia detergente para lavadora de platos.

Comience por la parte de abajo de las paredes.

Luego vaya avanzando hacia arriba.

SUPERFICIES INTERIORES                   MANUAL DE PINTURA DE CASAS

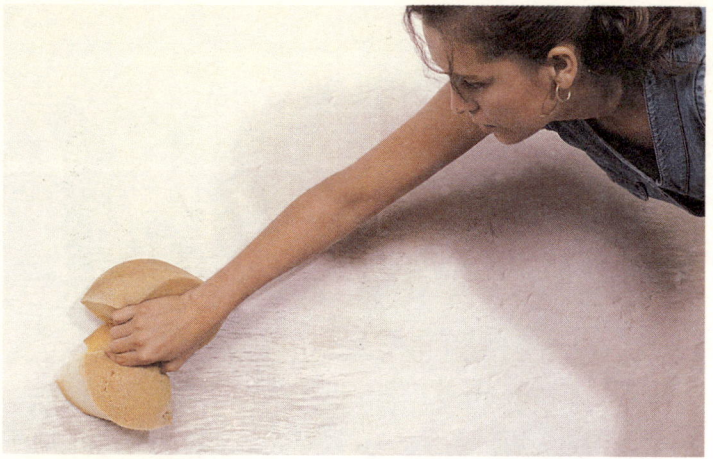

Enjuague conforme avance. Seque la pared con la esponja de modo que quede poco o nada del detergente cuando el agua se evapore. Haga todo el lavado antes de resanar.

Si encuentra lama, que aparece como una suciedad gris verdosa fea en las paredes de baños o cocinas, mátela con blanqueador de cloro y quítela con detergente y agua.

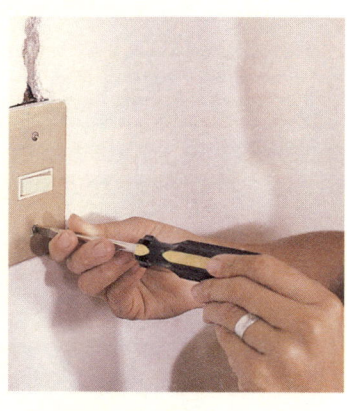

Para poder lavar alrededor de las placas de los contactos y los interruptores de luz conviene que primero quite las placas, sacando los tornillos, y enseguida se vuelven a colocar para que no se pierdan.

Las placas se limpian o pintan y se vuelven a colocar en su lugar una vez que se ha terminado de pintar el cuarto.

A la mayoría de las paredes de yeso, con el tiempo, les salen unas pequeñas grietas. Si éstas son como cabello se rellenan con la pintura y no necesitan resanarse.

Pero si las grietas son mayores hay que resanarlas. Esto se puede hacer con yeso. En un traste ancho se ponen dos tazas de agua y dos de yeso. Se bate bien y se deja reposar unos minutos

Cuando al pasar una varita o un alambre sobre el yeso se forme una ranura o canal, es que está listo para aplicarse.

# PREPARACIÓN DE LA SUPERFICIE

**SUPERFICIES INTERIORES**

Si se trata de ranuras y huecos muy pequeños se puede emplear Blanco de España, que tiene la ventaja de que seca más rápido.

También se puede resanar con cualquier resanador especial de látex acrílico, que viene ya preparado, listo para usarse.

Las grietas y los huecos que haya que resanar se preparan igual que los acabados de cemento, quitando el material suelto, desvaneciendo los bordes, limpiando el polvo y humedeciendo la superficie.

Con una espátula tome un poco del yeso y aplíquelo contra la pared para que se meta bien en la ranura o el hueco.

Enseguida, con la misma espátula se alisa el yeso para que quede parejo con el resto de la pared.

Las ranuras y huecos grandes requieren dos aplicaciones, pero las pequeñas sólo una. Déjelo secar y ya seco líjelo para emparejar bien y quitarle lo rasposo.

---

**Sobre una pared que tiene papel tapiz en perfecto estado es posible pintar con pintura vinílica y rogar por que todo salga bien, pues es posible que la humedad de la pintura afloje el papel y después se ampolle. Por eso los pintores cuidadosos prefieren quitar completamente el tapiz y preparar la pared para pintarla. Para quitar el papel tapiz de la pared se humedece con suficiente agua para que penetre y afloje la goma con la que el papel está pegado a la pared.**

## SUPERFICIES DE MADERA
### MADERA NUEVA

# MANUAL DE PINTURA DE CASAS

La madera nueva que va a ser pintada debe estar sin polvo, lijarse para quitar los defectos pequeños y cubrirse con una primera mano de sellador o de primario.

El sellador o primario para barniz es el mismo barniz, solamente que adelgazado con el solvente que indique el fabricante.

El primario para pintura vinílica es también la misma pintura vinílica adelgazada en una relación de 5 partes de agua por una de pintura.

El sellador para laca sintética es el sellador especial que indique el fabricante de la laca.

Cuando se va a pintar con esmalte se puede usar pintura vinílica como sellador o primario y luego pintar con esmalte o pintura de aceite.

Si la madera tiene nudos por los que brote un poco de resina, se deben sellar. Antiguamente el sello se hacía con goma laca, pero ahora es difícil de conseguir y en cambio hay un sellador especial para nudos que impide que brote resina.

# PREPARACIÓN DE LA SUPERFICIE

## SUPERFICIES DE MADERA

### MADERA PINTADA ANTERIORMENTE

Los marcos y las puertas muchas veces se ensucian por el uso constante en algunas partes. Esas manchas, que generalmente tienen un poco de grasa, se lavan con agua y detergente. Si después de lavar todavía queda algo de mugre, entonces hay que quitarla con aguarrás y un trapo. Aquellas partes en que la pintura brillante anterior todavía esté en buen estado se deben lijar un poco para producir una superficie ligeramente áspera sobre la que agarre la pintura nueva.

Las escamas de pintura suelta se deben quitar con una espátula.

Las escamas y la pintura floja se pueden quitar mejor con un raspador.

Los bordes de la pintura que queda en la madera se deben desvanecer con una lija, de manera que el borde no se note con la pintura nueva.

# SUPERFICIES DE MADERA
## MADERA PINTADA ANTERIORMENTE

# MANUAL DE PINTURA DE CASAS

En algunos casos, en vez de lijar es preferible colocar un rellenador vinílico o un plaste que luego se lija para dejar una superficie completamente tersa.

Las ranuras y huecos de la madera se pueden cubrir con un resanador vinílico.

Aunque es más conveniente cubrir los huecos y otras irregularidades con resanador para madera.

Si la pintura está llena de escamas o hecha polvo se debe quitar completamente.

Para quitar la pintura vieja dañada se puede usar un removedor químico de pintura. El removedor químico es una especie de crema que se aplica con brocha sobre la superficie cuya pintura se quiere quitar.

Después de unos minutos el removedor químico ampolla toda la superficie que tiene pintura vieja.

# PREPARACIÓN DE LA SUPERFICIE

## SUPERFICIES DE MADERA
### MADERA PINTADA ANTERIORMENTE

Entonces, con una espátula se levanta la capa de pintura ampollada. Si la superficie tiene varias capas de pinturas diferentes, entonces será necesario aplicar después dos o más capas de removedor.

Cuando el vidrio ha perdido el filo se busca otro trozo curvo y se continúa el trabajo. Para no cortarse los dedos al sostener el vidrio se deben usar guantes.

Uno de los sistemas más populares para quitar la pintura vieja es a base de un raspador de vidrio. Se toma un trozo de vidrio roto que tenga uno de sus lados ligeramente curvo y se raspa la superficie trabajando siempre en el sentido de la veta.

Otro camino, el más eficiente para quitar la pintura vieja, es quemando la pintura defectuosa con un soplete y removiéndola con un raspador.

Se debe tener mucho cuidado para no quemar la madera con el soplete, sino solamente la pintura vieja. Para ello mantenga el soplete con una mano de manera que la flama quede a 5 cm de la pintura en un pequeño ángulo.

73

SUPERFICIES DE MADERA
**MADERA PINTADA ANTERIORMENTE**

MANUAL DE PINTURA DE CASAS

Después, muévase a lo largo de las tablas manteniendo la flama unos 5 cm adelante de la espátula y raspe inmediatamente.

Con estos sistemas es factible limpiar una puerta en pocos minutos.

# PREPARACIÓN DE LA SUPERFICIE

**SUPERFICIES DE METAL**

Si se va a pintar fierro desnudo que aparentemente no tiene nada de óxido, simplemente se limpia la grasa con un solvente y se aplica un primario anticorrosivo.

Si la superficie tiene una capa ligera de óxido, es posible removerlo con un líquido antioxidante que posteriormente se enjuaga con agua.

Si el fierro tiene poco óxido en algunas partes, simplemente se lija.

Si tiene más óxido, se raspa con un cepillo de alambre o con una carda circular montada en un taladro eléctrico.

## SUPERFICIES DE METAL

### MANUAL DE PINTURA DE CASAS

Otro camino para quitar el óxido es limpiar con un chorro de arena con un equipo de *sandblast*.

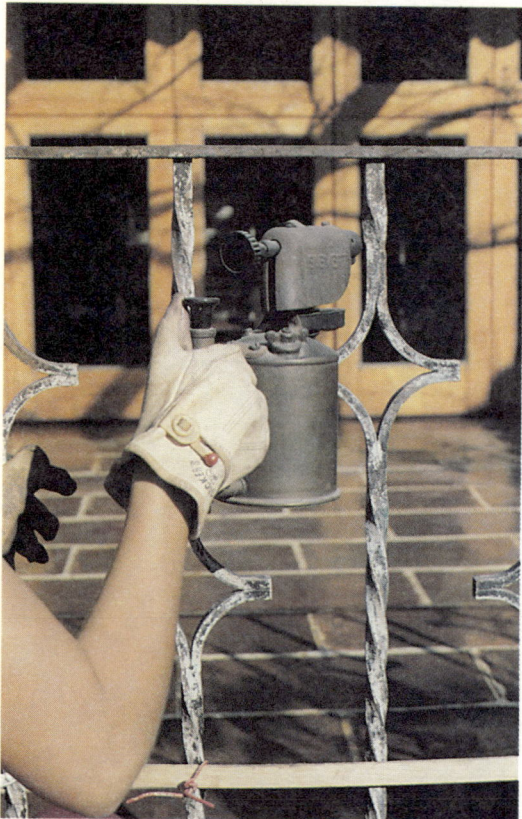

Para quitar óxido y a la vez pintura vieja se usa el soplete. El calor intenso hace que las escamas de óxido se eliminen.

Después se limpia con un cepillo, una fibra metálica o una carda eléctrica.

# PREPARACIÓN DE LA SUPERFICIE

**SUPERFICIES DE METAL**

El primario anticorrosivo es indispensable en todos los trabajos sobre metal, ya que es una capa de pintura que tiene la función de disminuir lo más posible las posibilidades de oxidación del metal y así proteger el metal y la pintura nueva.

El fierro o la lámina galvanizada se debe pintar sobre una capa de primario especial para galvanizado. O también usar ácido muriático en cuatro partes de agua. Enseguida se aplica el primario anticorrosivo.

Hay también primarios especiales para superficies de aluminio y para superficies cromadas.

Una vez terminada la tarea algunas veces tediosa de preparar la superficie, comienza la parte más gratificante del trabajo de un pintor, que es aplicar la pintura y advertir la transformación casi mágica de los muros y objetos, creando nuevos y vistosos ambientes al cubrir la superficie con la pintura.

# APLICACIÓN DE LA PINTURA

Preparación de la pintura    80
Pintura con brocha    84
Pintura con rodillo    95
Pintura con pistola de aire    99
Pintura con rociador sin aire    100

## PREPARACIÓN DE LA PINTURA
### MEZCLADO

# MANUAL DE PINTURA DE CASAS

Las proporciones de cada uno de los ingredientes de la pintura han sido determinadas científicamente por el fabricante y mezcladas perfectamente al salir de la fábrica.

Pero al quedar quieto el bote de pintura unas horas, unos días o unas semanas, los ingredientes más pesados tienden a acumularse en el fondo y habrá más materiales pesados abajo y más materiales ligeros arriba.

Lo anterior hace que los ingredientes de la pintura estén mal combinados y al aplicarla así pueda variar su color y su calidad. Por eso, es indispensable mezclar completamente la pintura antes de aplicarla.

Si los pigmentos están asentados en el fondo, no es suficiente menear con una paleta de madera. Para una mezcla completa necesita verter la parte completamente líquida de la pintura en otro recipiente.

# APLICACIÓN DE LA PINTURA

# PREPARACIÓN DE LA PINTURA
## MEZCLADO

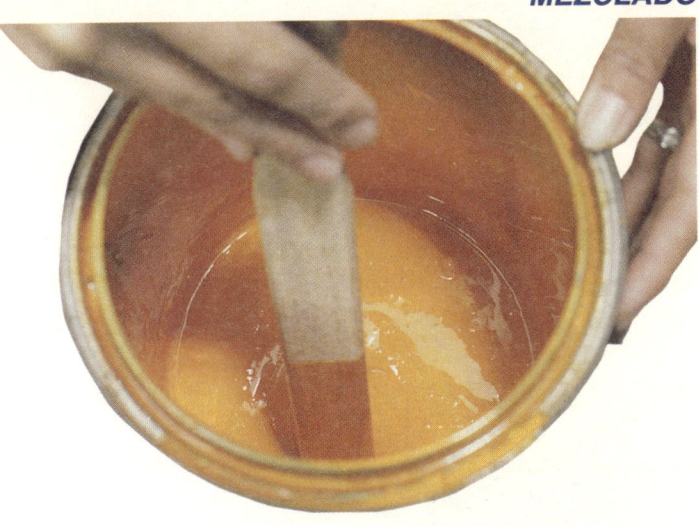

Y luego, menear el residuo con una paleta de madera limpia, raspando el fondo y los lados. Si es necesario, utilice también un destornillador largo para retirar los pigmentos asentados en la unión entre el fondo y las paredes de la lata.

Al principio, mueva el pigmento lentamente y después más y más rápido, hasta que el residuo líquido se mezcle completamente con el residuo sólido, formando una crema uniforme.

Entonces, regrese lentamente la pintura líquida que había quitado, meneando todo el tiempo.

Luego, vierta una y otra vez el contenido de un recipiente al otro, con lo que la pintura quedará completamente mezclada.

Otro camino para mezclar la pintura es usar un mezclador adaptado a un taladro eléctrico.

El mezclador consiste en un eje en cuya punta hay unas aspas que agitan la pintura.

# PREPARACIÓN DE LA PINTURA
## ADELGAZADO

# MANUAL DE PINTURA DE CASAS

Finalmente, hay que colar la pintura con una coladera de alambre, una media de nylon, una manta de cielo doble o un cono escurridor, para quitarle los grumos y pellejos que hayan quedado. Entonces, ya se puede usar.

Muchas de las pinturas deben aplicarse tal como vienen en la lata, sin adelgazar. Pero cuando deban ser adelgazadas antes de usarlas, es importante no hacerlo más de lo que dice el fabricante en la etiqueta. Si se adelgazan de más se puede trastornar el balance de los ingredientes y perder calidad.

Las pinturas generalmente deben adelgazarse cuando se van a usar como primario.

O para poder rociarlas con una pistola de aire.

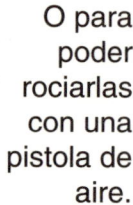

O cuando vienen demasiado espesas para ser aplicadas con fluidez.

No trate de adelgazar de más para que la pintura le rinda, porque no se verá igual y no protegerá bien la superficie.

# APLICACIÓN DE LA PINTURA

## PREPARACIÓN DE LA PINTURA
### ADELGAZADO

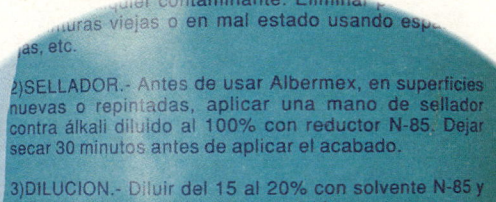

Para adelgazar siempre se debe usar el solvente o thíner indicado por el fabricante en las instrucciones de la lata y no cualquier thíner ni cualquier solvente.

Agregue el adelgazador lentamente, meneando todo el tiempo.

Si va a usar latas pequeñas de pintura es mejor verterlas en recipientes baratos más grandes, para meter y sacar la brocha con facilidad y hacer el trabajo más rápidamente.

Si con un clavo hace un pequeño hoyo en el fondo de la ranura, esa pintura regresará a la lata. El hoyo no quita el sello perfecto cuando usted cierre la lata con su tapa. Es más, la tapa entrará mejor, pues no encontrará pintura acumulada en el canal.

Si toma la pintura de la lata original o si la vierte en otro recipiente, el borde acanalado se llenará de pintura.

**PINTURA CON BROCHA**

# MANUAL DE PINTURA DE CASAS

Con excepción de algunas lacas y esmaltes que requieren aplicarse con pistola de aire, prácticamente todas las pinturas se pueden aplicar con una brocha, un rodillo, una almohadilla o un rociador.

Es decir que el usar una brocha para pintar se ha vuelto, en cierta medida, una cuestión de gusto personal, pues es probablemente la herramienta más lenta de todas. Sin embargo, es también el instrumento más grato a la vista y al tacto para colocar la pintura sobre una superficie.

Pero lo más importante es que ninguna de las otras herramientas deja la textura tan limpia que se produce con la brocha. Por eso se emplea más para aplicar a mano las pinturas brillantes, además de que con la brocha se economiza más pintura.

Lo más singular es que, aplicada con la brocha, la pintura penetra más en la superficie. Por ello, la mayoría de los primarios para casas y edificios se deben poner, precisamente, con brocha.

La brocha muchas veces se usa en combinación con el rodillo o la almohadilla en las esquinas, lugares estrechos y superficies con bordes irregulares.

También son las herramientas más empleadas en la pintura de ventanas, puertas y molduras.

# APLICACIÓN DE LA PINTURA

**PINTURA CON BROCHA**

Para pintar los techos, la brocha se toma por el mango, como quien agarra un palo.

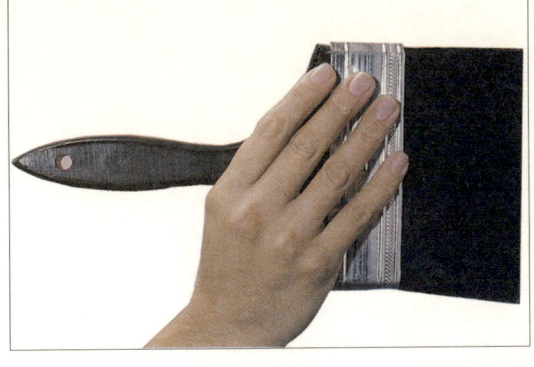

Para pintar paredes se toma entre el mango y la férrula con cuatro dedos por un lado y el pulgar por el otro.

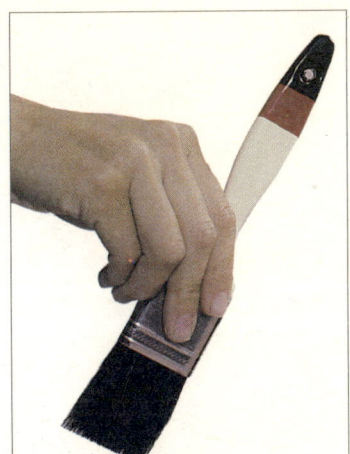

Para pintar las partes delgadas de las ventanas y puertas se toma como si fuera un pincel.

Si va a pintar con productos a base de agua, inmediatamente antes de comenzar a pintar meta la brocha en agua. Luego sacúdala y séquela pasándola sobre un papel. De ese modo recogerá más fácilmente la pintura del bote.

Si va a usar pintura a base de solvente meta la brocha en aguarrás, sacúdala y séquela.

Para tomar la pintura del bote, la brocha no se debe meter completamente, sino sólo hasta la mitad. Meterla más hace que la pintura se acumule en el talón de la brocha, lo que provoca que escurra y salpique.

La primera vez que meta la brocha en la pintura, agítela suavemente en ella para que penetre bien entre las cerdas.

## PINTURA CON BROCHA

## MANUAL DE PINTURA DE CASAS

Si trabaja con las espesas pinturas a base de agua, puede terminar toda la lata sin chorrear una sola gota, levantando la brocha hacia arriba, recta, dejando que escurra un segundo o dos.

Si trabaja con pinturas de aceite, que escurren y gotean más fácilmente, la brocha se debe escurrir un poco contra el borde de la lata.

Aplique la pintura fresca de un lado de la brocha corriendo su brazo horizontalmente de 50 cm a un metro, en un sentido...

...y luego, un poco más abajo, encimando un poco, deposite la pintura del otro lado de la brocha, haciendo el movimiento de regreso.

# APLICACIÓN DE LA PINTURA

## PINTURA CON BROCHA

Ahora, a base de brochazos más bien verticales, con una presión mediana, con las cerdas ligeramente dobladas, suavice y disperse la pintura hacia afuera de la mancha.

Finalmente, usando sólo la punta de la brocha y poca presión, empareje la pintura.

Uno de los momentos más difíciles de la pintura es la manera en que se unen las partes ya pintadas con las que se están pintando. Para no tener problema de manchas o huecos, aplique siempre la pintura en pasadas traslapadas, levantando la brocha gradualmente al final de cada pasada.

Para unir una parte sin pintar a un lado de otra ya pintada, comience las pasadas en la parte sin pintar y termínelas en la ya pintada.

Comience y termine los brochazos solamente con la punta de la brocha, levantándola gradualmente, para que los bordes del área ya pintada y los del área despintada queden delgados, como hechos con una pluma.

# PINTURA CON BROCHA

# MANUAL DE PINTURA DE CASAS

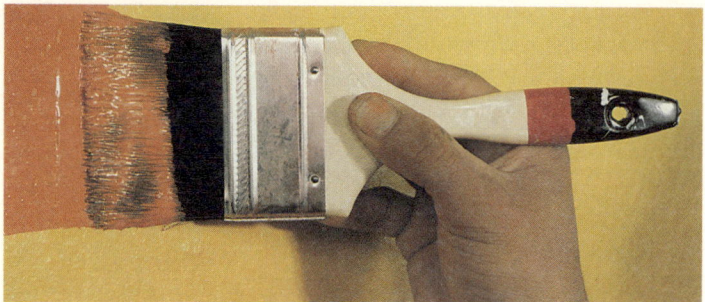

Haga el menor número de pasadas posible, sólo las suficientes para repartir la pintura de manera uniforme.

Conforme avance, observe cuidadosamente el trabajo, de manera que detecte a tiempo las gotas de pintura que escurren y las pueda suavizar con pasadas ligeras hacia arriba, antes de que endurezcan.

Algunos pintores sostienen que se debe pintar en una forma diagonal de techo a piso, comenzando por la esquina superior derecha de un muro, si uno es diestro, o en la esquina izquierda si uno es zurdo.

**Permita que la primera mano seque antes de aplicar la segunda.**

**Las pinturas cremosas a base de agua se aplican muy fácilmente y, aunque secan rápido, se pueden extender sin problema. En cambio, las pinturas alquidálicas secan tan aprisa que solamente se pueden dar tres o cuatro pasadas rápidas con cada carga de la brocha. Haga brochazos cortos, con una presión pareja.**

Algunas veces se discute si las pasadas deben ser primero horizontales y luego verticales, en una especie de cuadrícula...

...o si se pueden dar en cualquier dirección. Puede ser de cualquier modo, aunque se logra una mejor apariencia si al emparejar la pintura se pasa la punta de la brocha en cualquier dirección.

# APLICACIÓN DE LA PINTURA

Los barnices y esmaltes se deben aplicar con una brocha ahusada.

## PINTURA CON BROCHA

Si se está pintando el exterior de una casa se comienza siempre por los lugares altos, haciendo bandas de aproximadamente un metro, alrededor de toda la casa.

## PINTURA DE PISOS

Los pisos de cemento deben estar limpios y secos para recibir las pinturas especiales para este tipo de pisos.

Los pisos de madera del interior de las casas se preparan primero con una capa de sellador y luego con dos manos de barniz para pisos.

Para pintar pisos ya barnizados anteriormente se debe tener cuidado de que estén limpios y secos antes de pintarse. Para prepararlos se deben lavar con agua y detergente, enjuagando al final con agua limpia.

La cera y el aceite se deben quitar con un trapo humedecido en aguarrás, frotando bien para retirarlos por completo, o el nuevo barniz no secará adecuadamente y se pelará.

## PINTURA CON BROCHA

## MANUAL DE PINTURA DE CASAS
### PINTURA DE PISOS

Después aplique una capa de barniz en todo el piso y deje que seque completamente antes de aplicar la segunda.

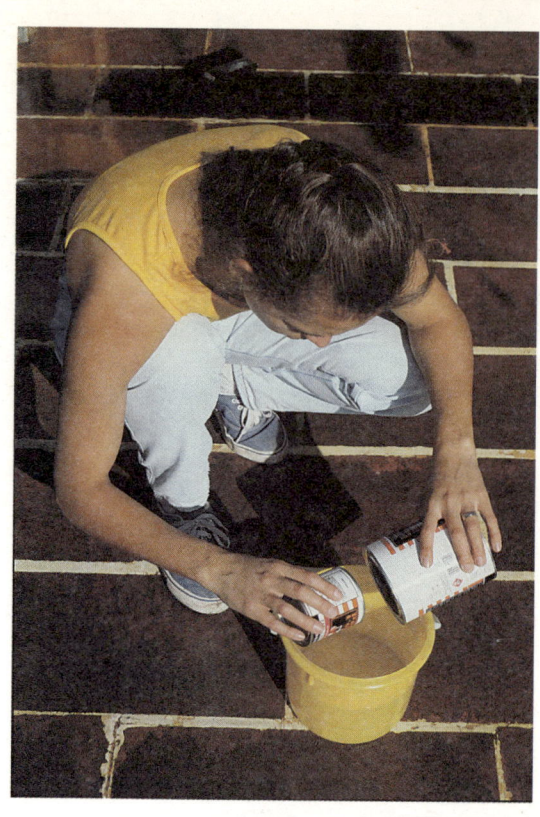

El barniz también se puede aplicar a los pisos de losetas de barro. Generalmente se emplea un barniz duro, a base de urea, cuyos dos componentes se mezclan minutos antes de comenzar.

Normalmente se pone primero una mano de primario específico para el barniz que se use.

Y enseguida, una vez seco el primario se aplica el barniz.

Para no fatigarse mucho con la postura se puede clavar una tira de madera al mango de la brocha y trabajar de pie, como si se tratara de una escoba.

# APLICACIÓN DE LA PINTURA
## PINTURA DE PUERTAS Y VENTANAS

**PINTURA CON BROCHA**

Para pintar puertas se necesita una brocha mediana de unos 7.5 cm de ancho. Para pintar ventanas es necesaria esa misma brocha y una más delgada para pintar los barrotes.

Lo primero que se pinta de una ventana son los barrotes, tanto los verticales como los horizontales.

Al pintar la parte exterior de los barrotes hay que tener el cuidado de pintar uno o dos milímetros sobre el vidrio, de manera que la pintura forme un sello entre el vidrio y la ventana, con lo que se protege ésta.

Después de pintar los barrotes de las ventanas se deben pintar los travesaños horizontales.

Enseguida se procede a pintar los largueros verticales.

91

# PINTURA CON BROCHA
## PINTURA DE PUERTAS Y VENTANAS

# MANUAL DE PINTURA DE CASAS

En cuarto lugar se pinta el marco.

Hay varias maneras de evitar pintar los vidrios, aunque la mejor es una buena brocha, ya sea recta o inclinada, y un buen pulso.

Al terminar de pintar una ventana no la cierre del todo sino déjela ligeramente abierta para que se sequen las caras interiores.

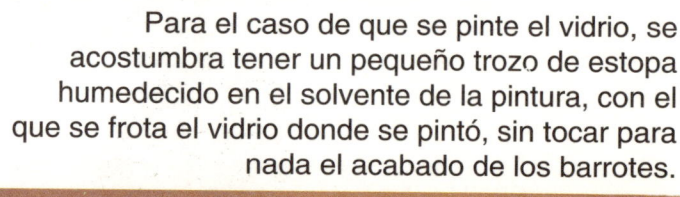

Para el caso de que se pinte el vidrio, se acostumbra tener un pequeño trozo de estopa humedecido en el solvente de la pintura, con el que se frota el vidrio donde se pintó, sin tocar para nada el acabado de los barrotes.

Otra práctica es limpiar las manchas después de terminar la ventana, tanto con solvente como con una pequeña navaja de rasurar con un solo filo.

# APLICACIÓN DE LA PINTURA

## PINTURA CON BROCHA
### PINTURA DE PUERTAS Y VENTANAS

Las llamadas puertas de tambor, y otras puertas relativamente lisas, se pintan igual que una pared pequeña.

En cambio, en las puertas de tablero se comienza por pintar las molduras de los bordes de los tableros.

Luego se pintan los tableros de arriba hacia abajo.

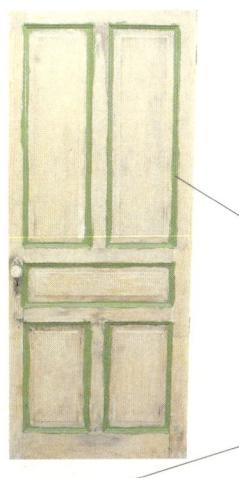

En tercer lugar se pintan los travesaños horizontales.

Mientras que en cuarto lugar se pintan los largueros verticales. Al pintar éstos se pinta también la cara interior que lleva las bisagras y la que lleva la chapa.

Finalmente se pinta el marco.

# PINTURA CON BROCHA
## PINTURA DE PUERTAS Y VENTANAS

# MANUAL DE PINTURA DE CASAS

Si la madera de las puertas o ventanas es nueva, primero se debe lijar y enseguida quitar completamente el polvo.

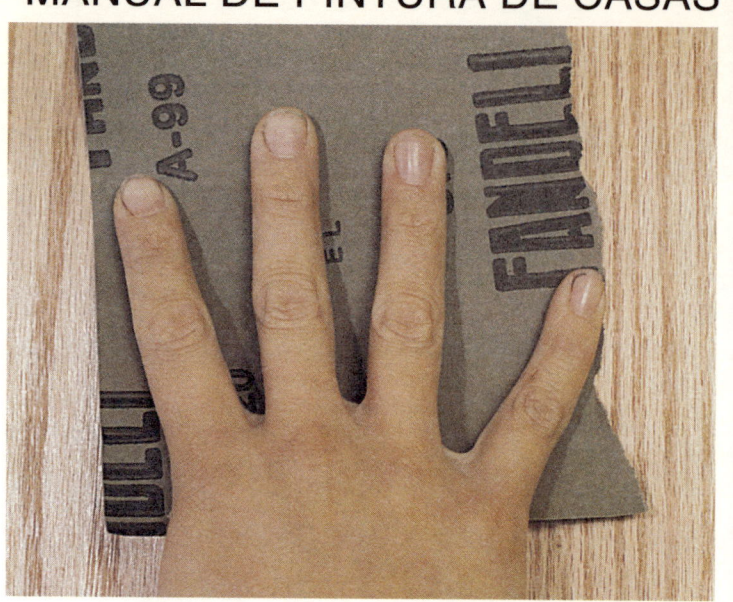

Luego se deben dar tres manos. Una de sellador o primario, que ya seca se debe lijar con lija de agua. Si hay agujeros de clavo o cualquier irregularidad se debe resanar con resanador para madera.

La segunda mano es de pintura de cubrimiento, que también debe lijarse con lija de agua después de que seque.

Y por último, se aplica una capa de terminado que se pone generalmente con la pintura sin adelgazar, tal como viene de la lata.

# APLICACIÓN DE LA PINTURA

## PINTURA CON RODILLO

Los rodillos tienen la ventaja de que son fáciles de usar. Casi cualquier persona sin experiencia puede pintar un cuarto con buenos resultados. Además, con el rodillo se pinta una superficie plana dos a cuatro veces más aprisa que con una brocha.

Pero los rodillos también tienen sus desventajas, porque consumen más pintura que una brocha y dejan una superficie ligeramente punteada que a algunas personas no les agrada.

### CARGA DEL RODILLO

Si va a usar el rodillo con pinturas a base de agua, conviene que antes de usarlo lo moje en agua, lo sacuda y lo seque sobre periódicos viejos. Con las fibras del rodillo húmedas, la pintura penetra mejor en toda la cubierta y se recoge más pintura, con mayor rapidez.

La pintura ya mezclada y colada se vierte en la charola hasta la mitad de la parte honda. En vez de verter del bote se puede usar un cucharón de cocina de metal. El cucharón se limpia después sin que quede en él rastro de pintura.

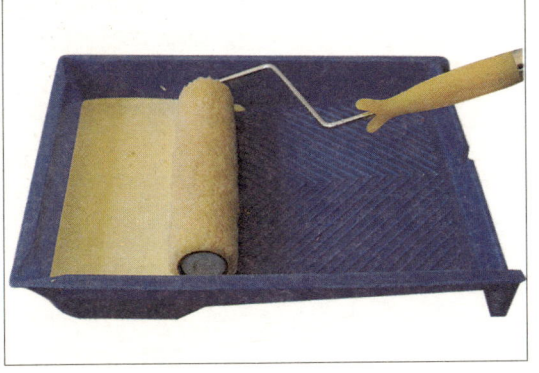

Meta el rodillo en la charola, donde la pintura no esté más profunda que el espesor de la cubierta.

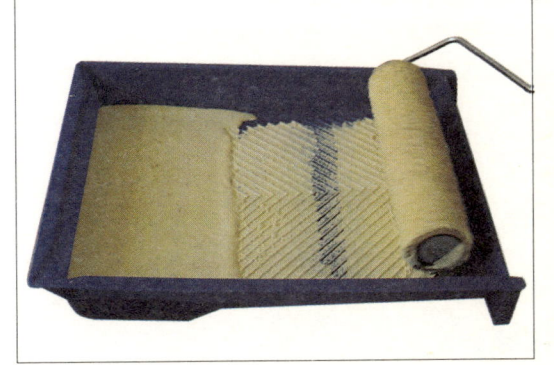

Jale el rodillo hacia atrás, a la parte de la charola que no tiene pintura.

# PINTURA CON RODILLO
## CARGA DEL RODILLO

# MANUAL DE PINTURA DE CASAS

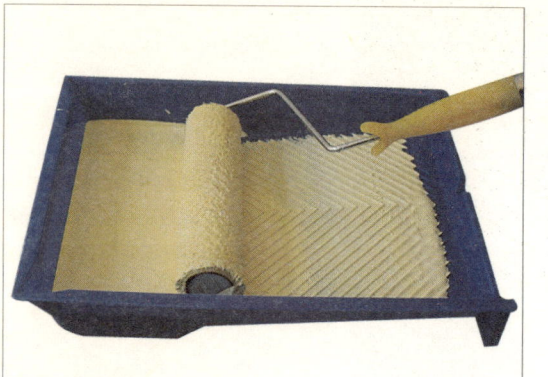

Luego ruédelo hacia adelante, sin meterlo donde la pintura está más profunda.

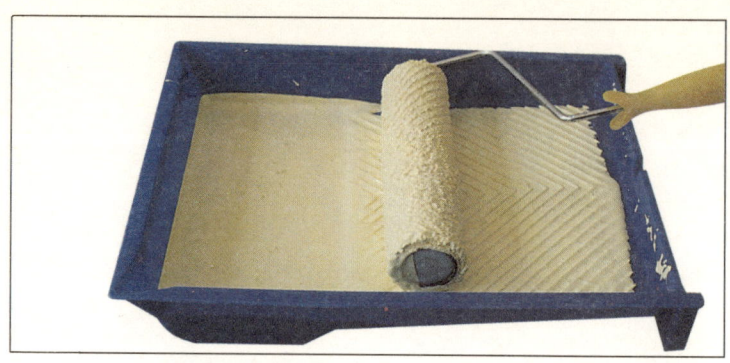

Ahora lleve el rodillo a la parte de la charola que no tiene pintura y ruédelo de adelante hacia atrás para distribuir bien la pintura. Se trata de llenar el rodillo con la mayor cantidad posible de pintura, pero sin que chorree. Al llenar bien el rodillo podrá usted pintar el doble o triple de pared sin regresar a la charola.

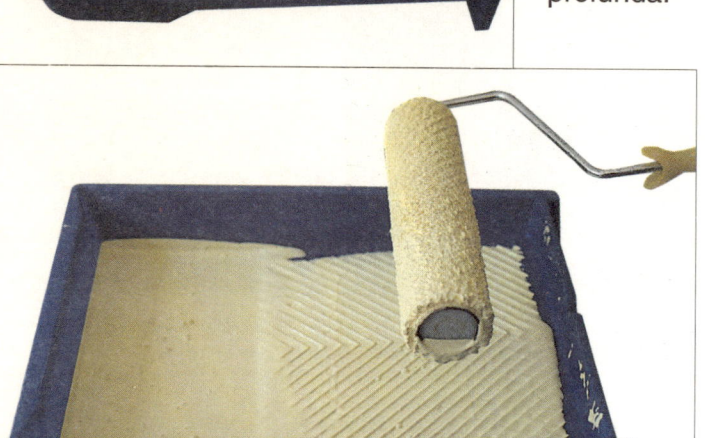

## PINTURA DE PAREDES

Para pintar levante el rodillo verticalmente, para que escurra unos segundos.

Luego, lleve el rodillo a la pared, comenzando con una pasada con poca presión, de abajo hacia arriba, para que la pintura se acumule en la parte delantera del rodillo.

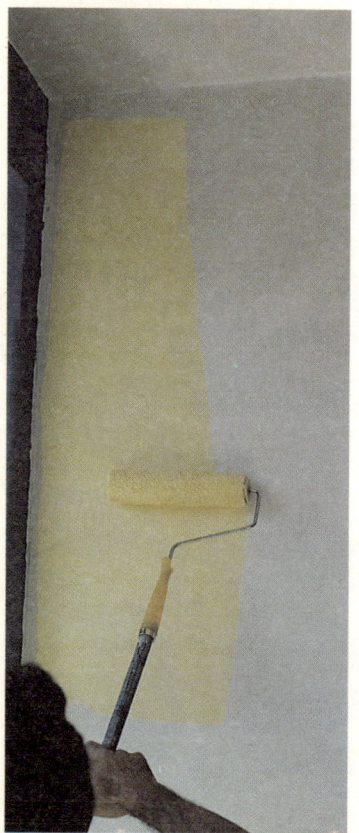

Extienda la pintura en movimientos paralelos de zig-zag ligeramente traslapados, aumentando un poco la presión en cada pasada hasta que casi acabe con la pintura que hay en el rodillo.

Cuando el rodillo esté bastante seco, termine con pasadas suaves desde el área no pintada al área pintada, levantando el rodillo al final de cada pasada.

# APLICACIÓN DE LA PINTURA

## PINTURA CON RODILLO
### PINTURA DE PAREDES

Para pintar alrededor de los contactos y apagadores quite antes las placas.

Nunca gire el rodillo mientras está en contacto con la pared porque producirá marcas como abanico. Tampoco pase el rodillo muy aprisa porque pueden salir burbujas en la pintura o puede llegar a salpicar.

No extienda demasiado la pintura, hasta que quede delgada, porque entonces en lugar de una sola mano tendrá que dar dos.

Alrededor de las puertas, ventanas, frisos, zoclos y esquinas use un rodillo angosto.

Si no dispone de rodillo angosto, hágalo con una brocha mediana e inmediatamente después siga con el rodillo.

97

# PINTURA CON RODILLO
## PINTURA DE TECHOS

# MANUAL DE PINTURA DE CASAS

El techo de un cuarto es la parte más difícil de pintar. Use un rodillo grande.

Utilice un mango largo que le permita trabajar desde el suelo, con lo que se evita el problema de estar subiendo y bajando.

Para pintar los techos el rodillo no se debe cargar demasiado. Es preferible poco.

El techo generalmente se pinta a lo largo de la parte más angosta. Comience por una esquina y pinte una tira hasta donde pueda alcanzar cómodamente, de preferencia a todo lo largo del techo.

Después de que termine una tira comience con la segunda en el mismo lado donde empezó la primera. Encime ligeramente una tira con otra para asegurar una capa pareja.

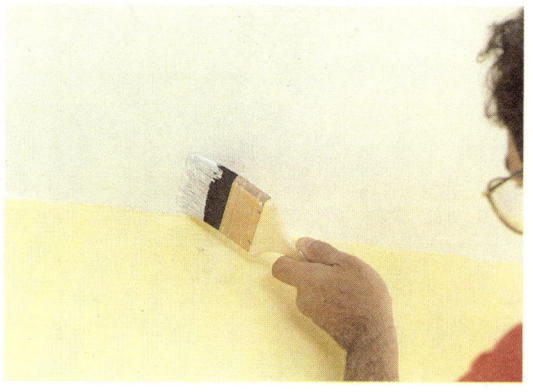

Se acostumbra terminar con brocha los bordes entre el techo y la pared.

# APLICACIÓN DE LA PINTURA

## PINTURA CON RODILLO
### RODILLO AUTOMÁTICO

El rodillo automático es la herramienta ideal para pintar rápidamente grandes superficies interiores. Se coloca el bote de pintura en la máquina...

...y se comienza a esparcir la pintura sobre los muros.

Con el rodillo automático no se puede interrumpir el trabajo más que momentáneamente, por lo que se debe preparar todo para hacer un trabajo casi continuo de principio a fin.

## PINTURA CON PISTOLA DE AIRE

La pintura con pistola de aire es un proceso muy especializado; principalmente en los acabados finos de los automóviles y los muebles. Se emplea poco en la pintura de casas.

El equipo consiste en un compresor de aire, una manguera y una pistola. La técnica para el empleo de la pistola de aire se explica con detalle en otro manual de esta colección dedicado a la pintura automotriz.

PINTURA CON ROCIADOR SIN AIRE         MANUAL DE PINTURA DE CASAS

El rociador sin aire es la manera más rápida y eficiente de pintar una casa, particularmente en el exterior.

El equipo consiste en una bomba que empuja la pintura a través de una manguera a una presión muy alta para salir por una boquilla.

Al pasar la pintura a gran presión a través de la boquilla y salir a la presión relativamente baja de la atmósfera, se produce un rocío muy atomizado. La forma de la boquilla controla el tamaño y la forma del rocío.

# APLICACIÓN DE LA PINTURA

## PINTURA CON ROCIADOR SIN AIRE

Con el rocío sin aire se desperdicia menos pintura que con la pistola de aire, se consume menos energía y se pinta una superficie en menos de la cuarta parte del tiempo que se emplea con otros sistemas.

En la pintura sin aire la pistola se mantiene a unos 30 cm de la pared y se mueve horizontalmente, paralela a ella, siempre a la misma distancia del muro.

Al inicio de cada pasada se aprieta el gatillo y al final se suelta para que no salga pintura. La siguiente pasada se hace encimando 50 % la pintura. La velocidad a la que se debe recorrer la boquilla es considerablemente mayor que con una pistola de aire.

# PINTURA CON ROCIADOR SIN AIRE

## MANUAL DE PINTURA DE CASAS

El manejo de la máquina rociadora es relativamente fácil. Se comienza por colocar la cubeta o bote con la pintura en el soporte para ella, y meter las mangueras de succión y recirculación dentro de la misma.

Luego se conecta la manguera en la conexión para la salida de la pintura.

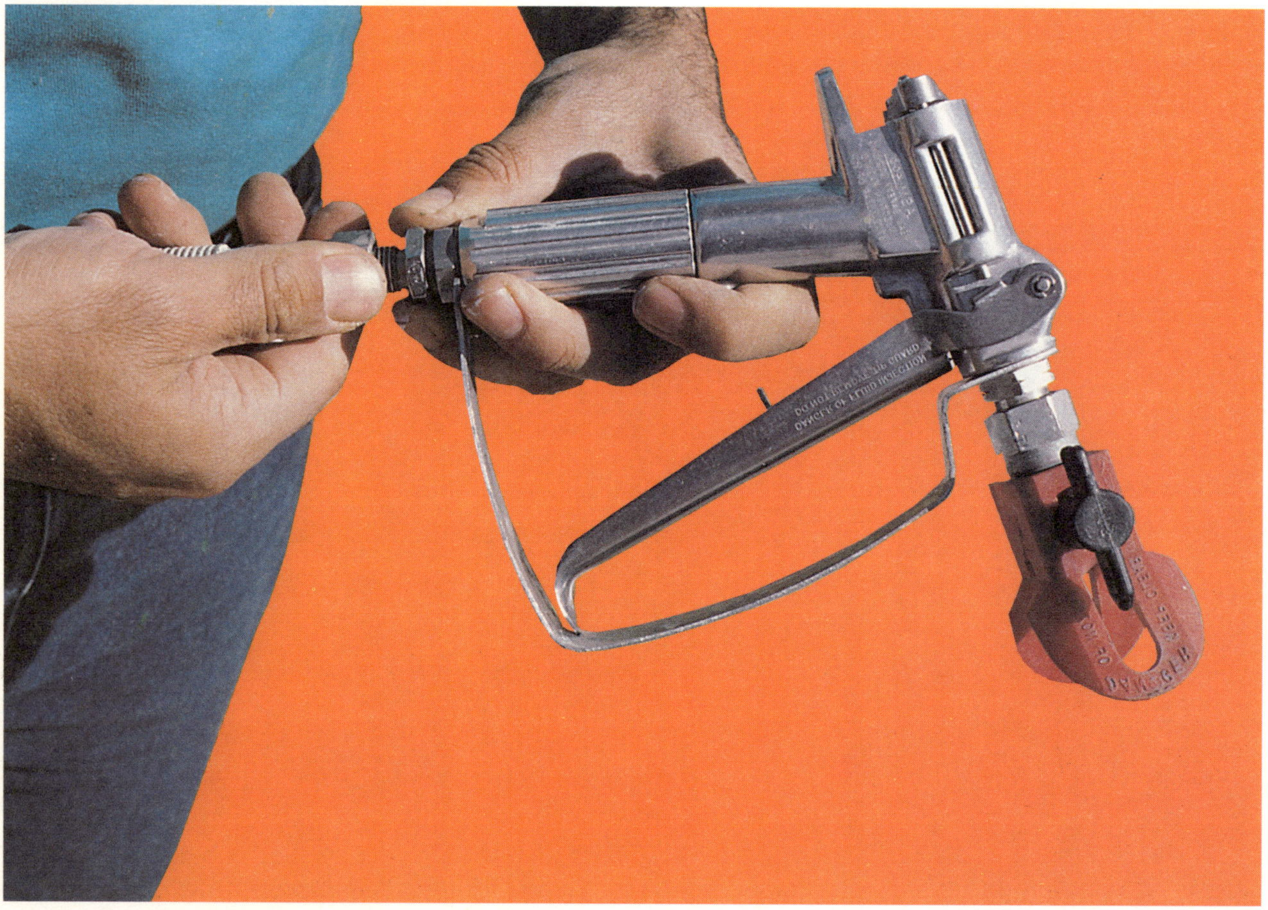

El otro extremo de la manguera se coloca en la entrada de la pistola. La pistola tiene una boquilla intercambiable que determina la calidad del rocío, y un gatillo con el cual se abre y cierra el paso de la pintura.

# APLICACIÓN DE LA PINTURA

**PINTURA CON ROCIADOR SIN AIRE**

Después, el botón de ajuste de la presión de salida de la pintura se coloca en el punto más bajo.

Enseguida, se bombea tres veces con el botón para cebar o cargar la máquina.

Para empezar a trabajar se enciende la máquina con la manija selectora en la posición para recircular la pintura.

Una vez que la pintura comienza a subir por la manguera de circulación y regresar a la cubeta por la mangura de recirculación, se cambia la perilla selectora para comenzar el rociado.

La presión con que sale el rocío por la pistola se regula con el botón de la presión.

La personalidad de una casa se enfatiza con los acabados especiales que le imprimen individualidad. Los acabados especiales más comunes son las aguadas, el salpicado, el moteado y los esténciles.

# ACABADOS ESPECIALES

Aguadas 106
Salpicado 108
Moteado 109
Plantillas 111

# AGUADAS

## MANUAL DE PINTURA DE CASAS

Las aguadas se hacen generalmente con pinturas a base de agua. Son acabados transparentes, en los que la pintura de fondo sobre la que se aplican no desaparece completamente. Por lo general se colocan sobre un acabado más claro que la aguada.

Simplemente se pinta la pared con el color de fondo que se quiera, normalmente alguna tonalidad de blanco. Luego, se agrega agua a un poco de la pintura con la que se quiere hacer la aguada. Tiene que ser poca pintura y mucha agua.

Qué tanta agua y qué tanta pintura depende de qué tan clara, transparente o delicada se quiera hacer la aguada. Para ello conviene hacer un ensayo con varias concentraciones de aguada en un trozo de pared, hasta encontrar la transparencia que se desee.

# ACABADOS ESPECIALES

# AGUADAS

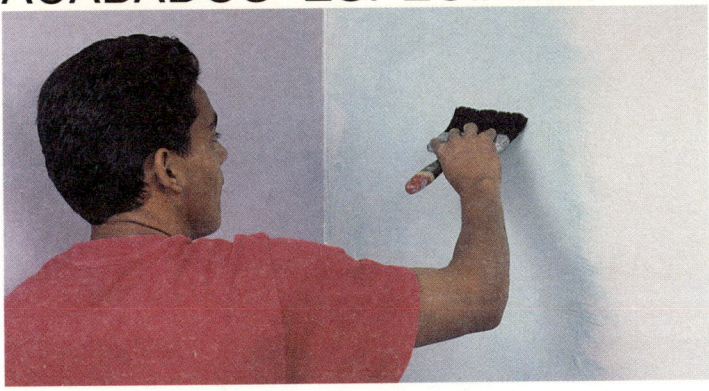

La aguada puede aplicarse con brocha o rodillo en un acabado homogéneo o irregularmente, con brochazos expresivos.

También puede aplicarse con un trapo o una esponja en terminados muy irregulares.

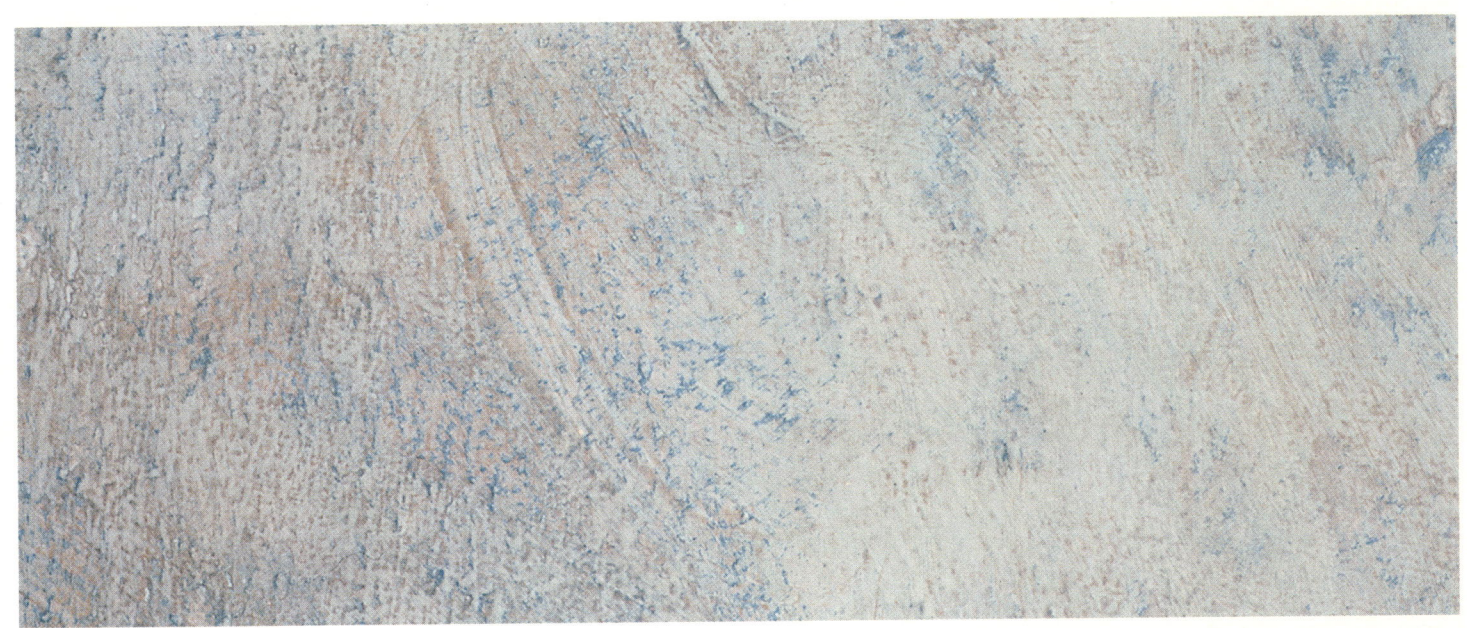

Es precisamente con un trapo con lo que se hace el acabado popularmente conocido como *envejecido*.

La pintura de agua puede ser tanto vinílica como pintura de cal.

# SALPICADO

# MANUAL DE PINTURA DE CASAS

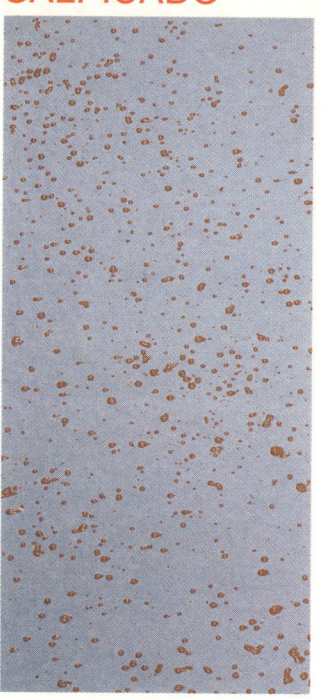

El salpicado consiste en arrojar pequeñas gotas de un color contrastante sobre una pared pintada con un color base generalmente subido.

Hay varias técnicas para arrojar las gotas de color sobre la pared de una manera irregular, pero uniforme. Una de ellas consiste en usar un marco de madera con tela de mosquitero y una brocha con cerdas tiesas.

Las puntas de la brocha se meten 5 mm en la pintura.

Luego, la brocha se golpea contra el marco de madera para que las gotas salgan a través de la tela de mosquitero con un tamaño uniforme.

La consistencia de la pintura determina el tamaño de las gotas que caen sobre la superficie.

Antes de iniciar el trabajo de salpicado, practique sobre un cartón para ver si la consistencia de la pintura es correcta, además de practicar la técnica apropiada.

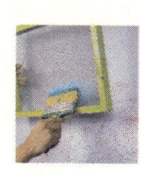

También se puede hacer un trabajo de salpicado en varios colores, pero no conviene aplicar un color nuevo hasta que no se hayan secado los anteriores.

# ACABADOS ESPECIALES

MOTEADO

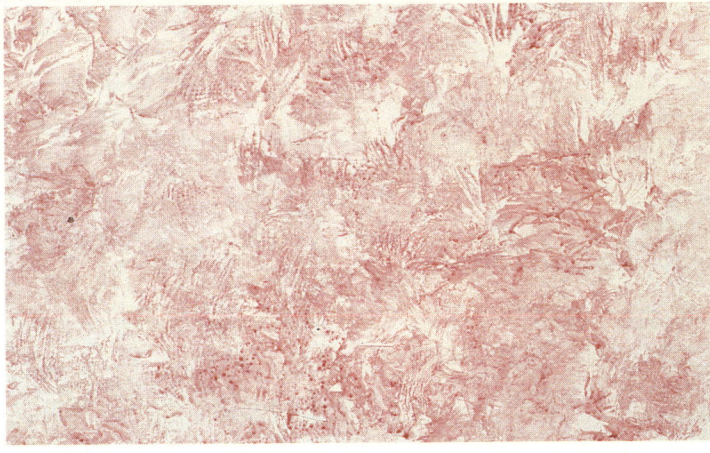

El efecto de moteado se puede lograr con una esponja, un trozo de estopa, un periódico arrugado o algunos otros objetos.

Para hacer el moteado se aplica una base de color y se deja secar bien. Después, se escoge un color que contraste o resalte sobre el color base. Enseguida, se mete la estopa en el color, como si se tratara de humedecer un sello.

A continuación se aplica la estopa sobre un periódico viejo o papel de estraza, a fin de quitar el exceso de pintura.

Finalmente, la estopa se aplica sobre la pintura base de la pared como un sello, sin torcerla o darle vuelta, con un toque firme y suave a la vez.

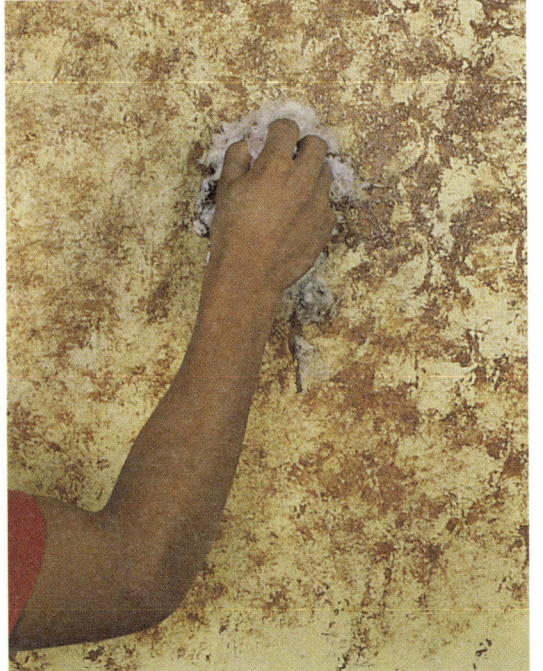

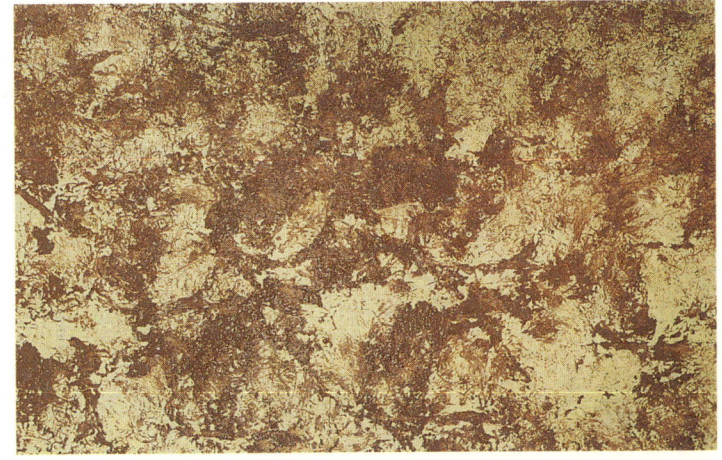

# MOTEADO

## MANUAL DE PINTURA DE CASAS

Para hacer el moteado con una hoja de periódico, simplemente se arruga para formar una bola y se usa en vez de la estopa.

El periódico se humedece en la pintura y después se mancha la pared con él.

Se pueden lograr texturas diferentes con objetos como cepillos de plástico...

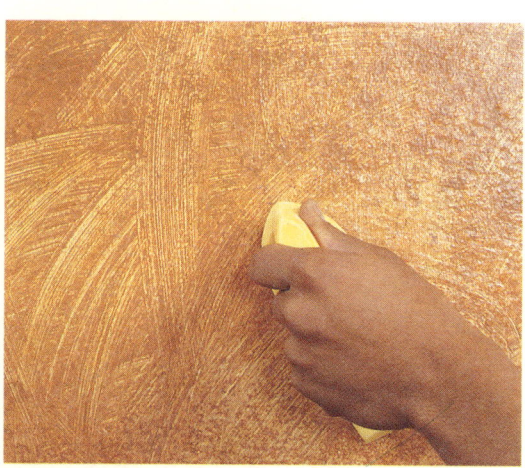

...o cepillos de cerdas de bronce, que rayan una aguada todavía fresca.

O también, removiendo parte de la aguada fresca con un periódico.

# ACABADOS ESPECIALES

## PLANTILLAS

Coloreando la pared a través de una plantilla de cartón delgado, se pueden pintar motivos decorativos repetidos.

Para inspirarse se pueden tomar ideas de libros y revistas, modificándolas al gusto. Con un lápiz trace las formas generales del motivo.

Después haga su dibujo al tamaño definitivo en un papel o cartón.

Si su trazo lo hizo sobre un papel, péguelo después con un adhesivo sobre un cartón delgado o cartulina, para hacer la plantilla.

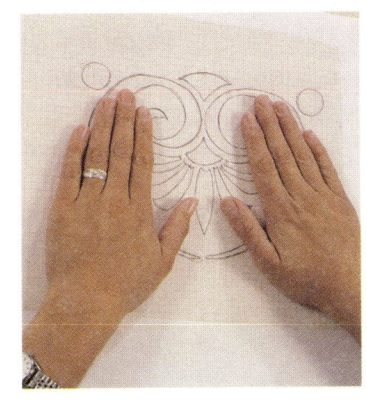

Posteriormente, con una navaja corte el contorno.

111

# PLANTILLAS

## MANUAL DE PINTURA DE CASAS

Si pegó el papel sobre el cartón, ahora, ya recortado, despéguelo para tener lista la plantilla.

Es conveniente proteger el cartón de la plantilla con un esmalte en aerosol.

Al cortar el cartón de la plantilla se deben dejar por lo menos 3 cm a cada lado.

Para irse derecho en la colocación de la plantilla se pinta en la pared, con gran suavidad, una línea gris que sirve como guía para colocar el esténcil siempre a la misma altura.

La plantilla se fija a la pared con un trozo de cinta de enmascarillar o *masking tape*.

# ACABADOS ESPECIALES

## PLANTILLAS

Luego, se prepara un poco de pintura sobre un plato. Puede ser pintura vinílica o colores al óleo, de los que vienen en tubo.

Las brochas para esténcil son redondas, planas y con las cerdas cortas.

La punta de la brocha se mete en la pintura, cargándola sólo en la punta mediante pequeños golpes sobre el plato.

Llene con pintura sólo la punta de la brocha, sin que escurra.

PLANTILLAS                MANUAL DE PINTURA DE CASAS

Para realizar el dibujo sobre la pared se golpea la brocha repetidamente sobre las partes huecas del esténcil o plantilla.

Enseguida, la plantilla se separa de la pared.

La plantilla se limpia de la parte de atrás, para no manchar la pared en la siguiente impresión.

Luego, el esténcil se coloca en la posición siguiente, alineándolo con la línea guía.

Debe tenerse el cuidado de que la plantilla quede siempre a la misma distancia de la anterior y a la misma altura, para hacer un friso o decorado continuo.

# ACABADOS ESPECIALES

## PLANTILLAS

Este proceso de colocar el esténcil y pintar sus huecos se repite a todo lo largo de la pared o alrededor del cuarto.

Finalmente, para enfatizar el decorado, se traza arriba o abajo del friso una línea con un color que armonice.

Los esténciles que van a ser usados nuevamente se deben limpiar perfectamente con agua o con el solvente de la pintura que haya utilizado.

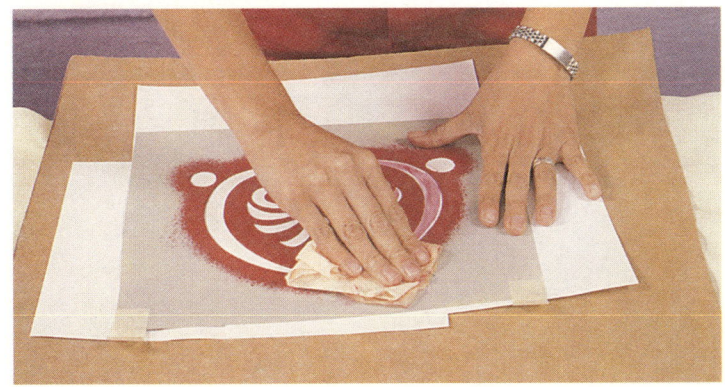

Se guardan separados con hojas de papel encerado, para evitar que se peguen unos contra otros.

# PLANTILLAS

# MANUAL DE PINTURA DE CASAS

Los decorados con esténcil también se pueden colorear con pintura en aerosol. En este ejemplo, la pintura en aerosol se usa para poner un fondo de color amarillo.

Posteriormente, con una brocha para esténcil, se hizo un sombreado en tonos naranja sobre uno de los pájaros.

Enseguida, con tonos azules y verdes se sombreó el otro pájaro.

Después, con rojo se coloreó el listón.

De ese modo se logra dotar de volumen a algunos motivos.

# ACABADOS ESPECIALES

## PLANTILLAS

Los decorados de muchos colores se pueden hacer también con varios esténciles, uno para cada color. En este ejemplo de un mosaico, primero se traza una cuadrícula sobre la pared.

Después se pinta el primer color con la primera plantilla, en este caso, verde.

A continuación se utiliza la segunda plantilla, con la que, en este caso, se aplican dos colores: naranja y magenta.

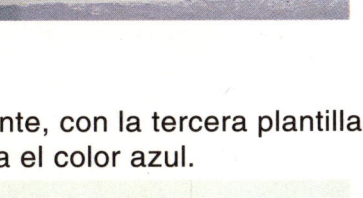

Finalmente, con la tercera plantilla se aplica el color azul.

En la pintura se juntan la utilidad y la belleza. Al mismo tiempo que protegemos nuestras casas las hacemos más bellas, pues la pintura es el modo más barato de decorar una casa y hacerla más atractiva. Con unos cuantos litros de pintura se puede cambiar la sensación de un cuarto, un apartamento o una casa completa. Es más, al elegir el color y pintar nuestra casa, la hacemos más nuestra, reflejo de nuestro gusto y singular personalidad.

La pintura se ha llamado también la "magia enlatada" porque puede hacer que un cuarto pequeño se sienta más amplio, que los techos se vean más altos o más bajos y que los cuartos parezcan más acogedores. Para escoger los colores de una casa conviene saber algo de ellos, aunque, como decía un pintor famoso, "es fácil pintar cuando no se sabe hacerlo, pero muy difícil cuando se sabe".

# SELECCIÓN DE COLORES

Naturaleza de los colores 120
Combinación de colores 124

NATURALEZA DE LOS COLORES                    MANUAL DE PINTURA DE CASAS

Los colores primarios son el rojo puro, el amarillo y el azul.

Los colores secundarios, que resultan de mezclar los colores primarios, son el naranja, el verde y el violeta.

Los colores relacionados son los que tienen un primario común en su mezcla. Así el violeta, el plúmbago y el lavanda, son colores relacionados porque todos están hechos a partir del mismo tono de azul.

Los colores monocromáticos son grupos de color que usan tintes, tonos y sombras con el mismo color básico.

120

# SELECCIÓN DE COLORES

## NATURALEZA DE LOS COLORES

El valor del color es la luminosidad u oscuridad del tono según se acerque más al blanco o al negro.

Se dice que hay colores *fríos* y colores *cálidos*. Los colores fríos son más azules que rojos y parecen alejarse del observador.

Los colores cálidos son más rojos que azules y parecen estar más cerca del observador.

El blanco y el negro se consideran colores neutros, pero en sus formas puras el blanco es frío y el negro caliente.

**NATURALEZA DE LOS COLORES**  MANUAL DE PINTURA DE CASAS

El blanco es el color más usado en la pintura de casas. Muchas veces se escoge por costumbre o por miedo de cometer un error al experimentar con colores más vivos. Pero el blanco es una buena elección. Es un color de tonos infinitos. Hay muchos blancos que además cambian con el día, con el sol, con el tiempo. Un blanco puede ser muy frío y otro muy cálido y acogedor. Los esquimales de Alaska tienen diecisiete palabras para designarlo y un famoso pintor tiene doscientas.

El rojo es un color cálido que promueve la actividad, eleva la presión arterial, hace que las cosas parezcan más pesadas y que el tiempo se sienta correr más despacio. Sin embargo, mucho rojo abruma. Se debe usar sólo como un acento.

El azul es un color frío que disminuye la presión arterial, hace que las cosas parezcan menos pesadas y que el tiempo se sienta que pasa más aprisa.

# SELECCIÓN DE COLORES

# NATURALEZA DE LOS COLORES

El amarillo es un color que estimula la actividad. Es alegre y ayuda a dar la sensación de luminosidad.

El verde es tranquilizante, en cuyo ambiente se reduce la tensión nerviosa y muscular, a la vez que la mente se concentra mejor.

Los colores oscuros tienden a pesar más que los colores claros y los neutros.

Para seleccionar colores busque muestras de ellos en trozos de tela, cartón, muestrarios, lápices de colores, hojas del jardín o cualquier cosa. Luego, imagine cómo se verá el color en las paredes del cuarto.

O haga un pequeño dibujo de las paredes del cuarto e ilumínelo con colores de agua, marcadores o lápices de colores.

**COMBINACIÓN DE COLORES**

# MANUAL DE PINTURA DE CASAS

Este cuarto en tonos calientes, se siente amplio, luminoso, acogedor y cálido. Las ventanas tienen el mismo color amarillo del techo, con el que armonizan. El cuarto de abajo tiene los mismos colores, con excepción de las ventanas, que están de café.

Aquí está el mismo cuarto con las paredes y el techo en amarillo. Aparece como un cuarto amplio, lleno de luz. Sin embargo, el tono gris frío del piso le resta calidez.

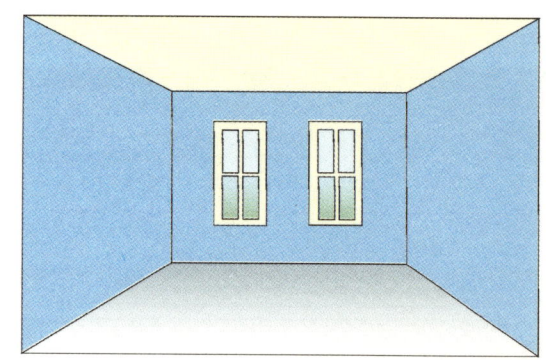

En este cuarto dominan los tonos fríos de las paredes y el piso. El techo, en amarillo claro, le da gran luminosidad y una sensación de mayor altura.

Este cuarto, pintado en tonos verdes, produce una sensación de gran intimidad, que aumenta en el cuarto de junto, con un tono de verde más oscuro.

# SELECCIÓN DE COLORES

## COMBINACIÓN DE COLORES

El tono rosa de las paredes y el naranja del piso dan una sensación de alegría y calor. El amarillo claro en las ventanas las destaca de las paredes y llevan la vista hacia afuera.

Las paredes naranja y el piso café dan una sensación de seriedad y calidez, al mismo tiempo. El tono claro del techo lo hace sentir más alto, por lo que a pesar de los tonos fuertes, el cuarto no se siente agobiante, sino acogedor.

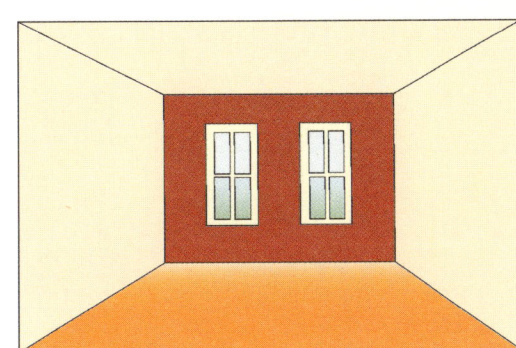

Aquí hay dos experimentos con una pared en rojo subido. En el cuarto de la izquierda, los muros naranja lo empequeñecen, mientras que en el de la derecha, las paredes laterales, más claras, lo aligeran.

En este cuarto el techo se aprecia un poco más alto y la vista se va hacia la banda de color más oscuro, a la altura de la cintura que rodea el cuarto.

**COMBINACIÓN DE COLORES**

# MANUAL DE PINTURA DE CASAS

Esta serie de cinco cuartos está realizada a base de colores fríos. Los dos más fríos son el de la derecha y el de abajo, que a pesar de tener el techo en un tono cálido, muestran el piso muy frío.

La banda de color más claro alrededor del cuarto y el techo en tono cálido, hacen que el cuarto se sienta más amplio y, a la vez, acogedor.

El color más oscuro de la pared del fondo hace que este cuarto se sienta más profundo. A la vez, el tono del techo hace que parezca con menor altura y más íntimo.

En este ejemplo los tonos más oscuros de las paredes laterales dan la sensación del que el cuarto es más estrecho. El tono claro y cálido del techo hace que el cuarto se perciba más acogedor y más alto.

Este cuarto, lleno de calidez y luz, es la antesala de la pieza que está a la derecha, en tonos claros más cálidos, más luminosos, que se perciben como el destino.

Los tonos verdes de los muros dan la sensación de serenidad e intimidad a la vez, mientras que los tonos cálidos del piso y techo lo hacen acogedor.

# SELECCIÓN DE COLORES

## COMBINACIÓN DE COLORES

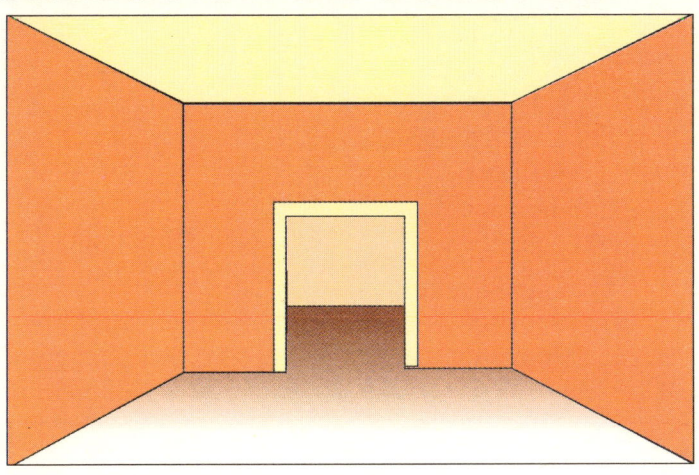

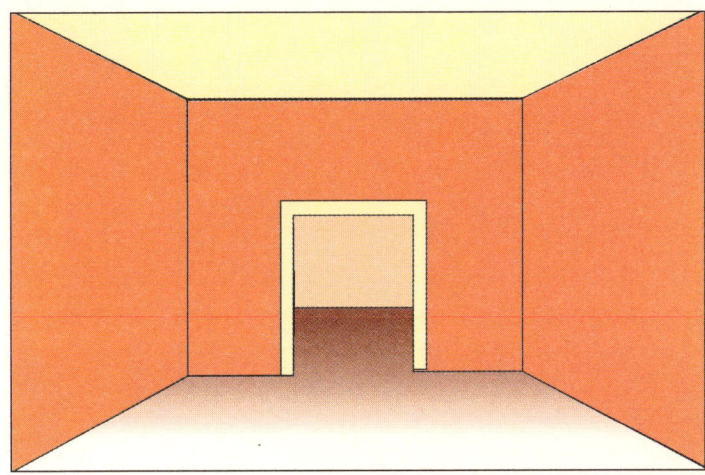

En los ejemplos de esta página se muestran las distintas percepciones que producen colores diferentes en cuartos contiguos. En este primer caso se tiene un color más claro en el cuarto del fondo, que se siente como el cuarto principal.

Aquí, el color más pesado de los muros del primer cuarto no agobian, gracias a los tonos más claros del piso y el techo, y al efecto sedante y atractivo de los tonos fríos del cuarto del fondo.

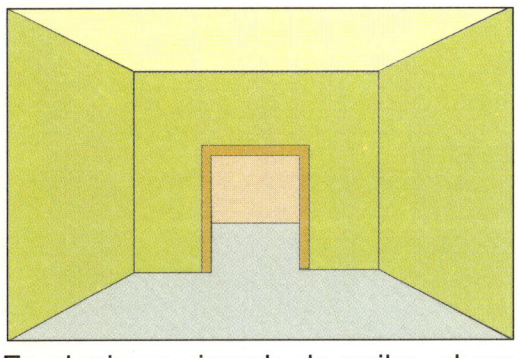

En el mismo ejemplo de arriba, ahora realizado en tonos de verde muy vivo, el techo se percibe como un resplandor y el cuarto del fondo más acogedor.

Aquí se han colocado tres cuartos en sucesión. El tono más oscuro del cuarto de en medio resulta un rasgo atractivo e intrigante.

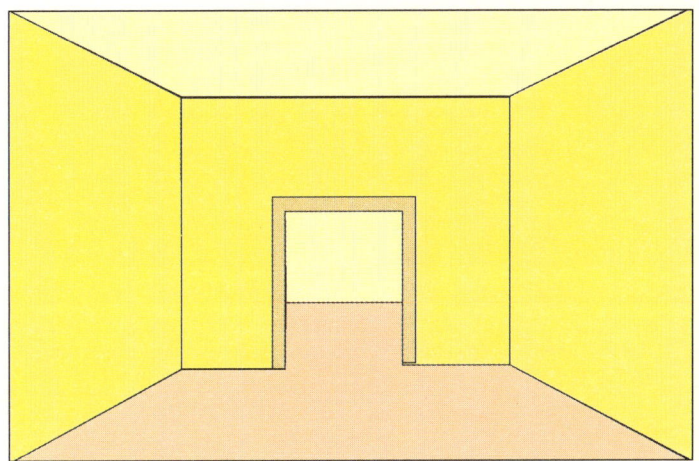

En el ejemplo de los tres cuartos se pueden hacer innumerables combinaciones, como ésta, en que el cuarto central tiene un tono ligeramente más claro.

Este ejemplo, realizado en gamas de amarillo, pareciera estar inundado de luz y jovialidad, a la vez que ambas piezas tienen una sensación de amplitud.

El pintor promedio generalmente no hace una estimación rigurosa del trabajo. Simplemente lo calcula *a ojo*. Pero un conocimiento de los elementos que constituyen los costos, no sólo es de considerable valor para la persona que se decide a pintar profesionalmente, sino también para quien únicamente desea pintar su casa.

Para estimar el costo del trabajo se deben tener en consideración cuatro elementos: el costo del material, el costo de la mano de obra, los costos de administración y la ganancia que se espera tener.

# ELABORACIÓN DE PRESUPUESTOS

Estimación de los materiales 130
Estimación d ela mano de obra 131
Gastos de administración 131
Ganancia 131

# ESTIMACIÓN DE LOS MATERIALES

# MANUAL DE PINTURA DE CASAS

Para saber qué tanta pintura se necesitará es necesario conocer los metros cuadrados que tiene la superficie que se va a pintar.

Para ello mida el largo de las paredes de cada cuarto y multiplíquelo por su altura.

Si hay un triángulo o tímpano, mida el ancho y multiplíquelo por la altura hasta la punta. El resultado divídalo entre dos. Esa es la superficie del triángulo.

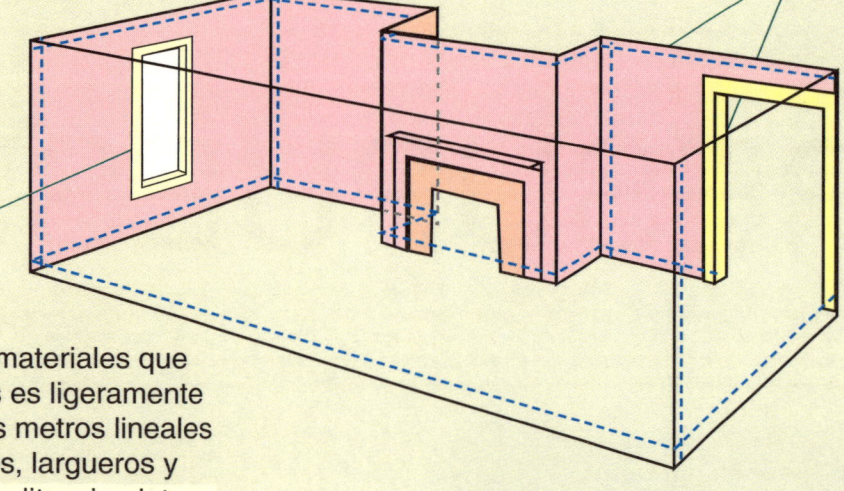

A las superficies de las paredes hay que restarles los espacios que ocupan las puertas y las ventanas. El cálculo de los materiales para las puertas se hace igual que para los muros. Se multiplica el ancho por la altura.

Para calcular los techos se multiplica el ancho del cuarto por el largo. Igual se hace con los pisos.

Pero el cálculo de los materiales que ocuparán las ventanas es ligeramente diferente. Se miden los metros lineales de barrotes, travesaños, largueros y marcos, y se estima un litro de pintura por cada diez metros lineales.

Para convertir los datos de superficie en litros de pintura y luego en dinero, simplemente se divide el total del área de cada tipo de superficie, tal como aplanado de cemento, yeso, madera, etcétera, por el número de metros cuadrados que se cubren con cada litro de pintura.

Debido a que cada tipo de pintura y cada marca cubre una superficie ligeramente distinta, esa información, precisa, se consigue con los fabricantes y vendedores de pintura. Sin embargo, se puede estimar, gruesamente, que cada litro cubre entre 10 y 12 metros cuadrados a una mano. En los casos que haya que dar dos o más manos, se deberá multiplicar el número de litros por dos, tres o cuatro, según las manos que se vayan a dar.

# ELABORACIÓN DE PRESUPUESTOS

## ESTIMACIÓN DE LA MANO DE OBRA

La mano de obra es generalmente el costo más importante en un trabajo de pintura, por lo que se debe estimar con mucho cuidado. Generalmente se cobra por cada metro cuadrado que se pinta, tomando en cuenta el tiempo que se requiere para aplicar los materiales en las distintas condiciones y en las diferentes superficies.

Para tener una idea del precio que normalmente se cobra por metro cuadrado se puede preguntar en las tiendas de pinturas y con los propios pintores.

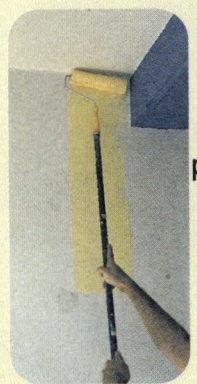

El tiempo que se emplea al pintar con los rodillos es menor que con las brochas. Las paredes se pintan más rápido que los techos y las ventanas, y la pintura de aceite tarda más en secarse que una a base de agua.

En el costo de la aplicación de la pintura hay que tomar en cuenta el tiempo de preparación, es decir, el tiempo de limpiar, raspar y resanar, además del tiempo para mover muebles y objetos, enmascarillar y cubrir las superficies que no deben mancharse.

Finalmente, hay que tener en cuenta un tiempo de limpieza que comprende quitar las gotas y los brochazos desbordados, así como la colocación de los muebles otra vez en su lugar.

## GASTOS DE ADMINISTRACIÓN

Los gastos de administración son costos que solamente tiene un pintor contratista. Son aquellos que no pueden ser cargados a un trabajo específico. Éstos comprenden el tiempo empleado en hacer el presupuesto, incluyendo otros presupuestos que se hicieron sin que llegara a cuajar el trabajo, el costo de la oficina, si la hay, y el costo del equipo y del transporte que se empleen en el trabajo. También incluyen impuestos, gastos de promoción, etcétera.

El costo de la administración se carga como un porcentaje del costo directo de hacer el trabajo.

## GANANCIA

La ganancia es lo último que se calcula, pero es lo más importante.

El monto de la ganancia debe ser incluido también como un porcentaje sobre el costo directo de hacer el trabajo. Este porcentaje debe estar basado en la calidad del trabajo que se realiza.

La publicación de esta obra la realizó
Editorial Trillas, S. A. de C. V.

División Administrativa, Av. Río Churubusco 385,
Col. Pedro María Anaya, C. P. 03340, México, D. F.
Tel. 56884233, FAX 56041364

División Comercial, Calz. de la Viga 1132, C. P. 09439
México, D. F. Tel. 56330995, FAX 56330870

Esta obra se terminó de imprimir y encuadernar
el 6 de febrero del 2001,
en los talleres de Rotodiseño y Color, S. A. de C. V.
**BM2 100 AW**